全方位手工皂
事典

解构、重组、更新！手工皂职人的进化之路

石彦豪 著

感谢名单

1. 没有你也不会有本书，我的文字整理，黄珮宸。
2. 不管我选择做什么，永远在背后支持我的女友，Claire Lo。
3. 十年前没有遇见你，也不会有十年后的我，感谢我的合作伙伴，王文伶小姐。
4. 我知道成就别人是一件不容易的事，感谢长年陪在我身边的助教们：林惠卿、王翠华、李欣融。
5. 感谢你带我看见人生另一种风景，Eta Lin。
6. 最后，感谢在制作这本书时曾帮助过我的每一个人。

我对于手工皂能够卖到理想的价格，

往往怀着感恩之心，

因为这给制皂的职人极大的鼓励。

这种供需共生的情怀，

我想就是手工皂的起点吧！

I've always appreciated

how my soaps could be sold at such a fine price,

a fair match to its quality.

It is of no doubt a great encouragement to soap artisans.

This symbiotic sentiment between supply and demand,

lies the origin of handmade soap !

推荐序

认识小石老师已近十载，一开始是合作伙伴，后来转换身份跟着老师学习，多年下来与老师成为朋友，从不同层面看到了老师从未改变的直率、热情与幽默。老师在皂的世界一路闯荡，从开拓先驱到业界师资培训者，能保有执着和初心实属不易。并非一帆风顺，在欢笑的背后也交织了许多辛酸的故事，不过这些最终都化为老师继续努力的动力与难得的经历体验。

凭借早年的美术摄影底子，在包装及皂型上，老师常能运用身边现有的素材随手创作，天然再利用、不过度装饰、保有纯粹是老师的特色与风格；而每年的旅游更是老师充电的方式与灵感的来源，不论是去捷克、意大利或是法国，他总是会在课程中和同学们分享旅行的喜悦与可以应用在创作上的新发现。

学校一向重视课程意见调查反馈，不藏私、风趣是许多同学给老师写下的评语，我想老师一定是对教学有极大的热忱，多年来在课堂上才能如此游刃有余、悠游自在。

听到老师要出一本理想中的手工皂书籍，真是太开心了，不论从排版、设计、美感到内容品质，老师都有相当的研究，相信一定会让读者满载而归。

我想一辈子能专注做好一件事就圆满了！

文化大学推广部　文创人才发展中心副处长

王文伶

作者序

本书的内容，是我13年来创业与教学的心得，每一部分都是我的真实故事，不保证精彩但绝对原创。我不会用艰难的化学术语来解释手工皂，但我会用一个职人或工匠的心情来描写我的人生，所以内容很长，建议你直接买下这本书，回家喝着咖啡慢慢品味。不要站在书店里看，这本书很重的，拿久了手会酸，站久了脚也会酸。

我出这本书不仅是要教你做皂，而且是要教你多一些选择。

你的人生有许多选择，做皂也一样。你可以选择好的素材做给自己和爱你的家人；如果你只想赚钱的话，你也可以选择价廉物美、简单不复杂的素材来满足这个市场。手工皂是你亲手制作的，也是你的心血结晶。如果你愿意跟着书中的配方练习打皂，我相信每隔几年，随着你做皂技术的提升，这本书都会让你看到人生不同的风景。

此外，我非常感谢麦浩斯（出版社）有勇气出版这本书……

Jinny Smith

石彦豪

童年在热炒店里长大，中学则在建筑工地刷油漆，高中时学的是美工，退伍后的第一份工作是摆路边摊卖贝壳，后来因为爱情而开了家牛肉面店，一年后却为了逃避爱情而跑入深山制作琉璃。家道中落后人生第一次学着写履历表，进入内湖科技园区当所谓的工程师，两年后公司倒闭，跑到服饰店卖女装，最后服饰店也倒了。

过了三十岁还没感受到自己存在的价值，也不为曾经走过的路自豪，直到遇见了如神话般的手工皂，我才知道，人生中的每一个抉择，都是造就未来想成为怎样的人之必经修炼。

静观其变，顺着命运慢慢走，非淡泊而无以明志，非宁静而无以致远。

简历

台湾手工皂推广协会创会理事长
台北市艺术手工皂协会／教育推广中心讲师
联合报文化基金会／手工皂课程专任讲师
文化大学推广教育部／手工皂课程专任讲师
（建国本部与中和分部）
公务人员训练中心／手工皂课程专任讲师（精英学苑）
台北市政府社会局慧心家园／手工皂课程指导老师
辅仁大学推广部／手工皂、天然保养品专任讲师（校本部）
台北市内湖区妇女服务中心／创业工作坊总顾问
台北市妇女新知协会／手工皂、保养品创业工作坊专任讲师
104 人力银行／手工皂、保养品创业工作坊指导老师
新光吴氏基金会／手工皂课程专任讲师
新北市中和区清洁大队／环保回锅油再生手工皂课程指导老师
台北县深坑农会／手工皂、保养品课程专任讲师
财团法人灵鹫山佛教基金会／手工皂专任讲师（台北讲堂）
新北市中和区图书馆／手工皂指导老师（中和本馆）（员山分馆）
台北市万华社区大学／手工皂、天然保养品专任讲师
新北市真理大学推广组／手工皂、天然保养品讲师
台北市内湖心路文教基金会／手工皂指导老师
台北市中正社区大学／手工皂、天然保养品专任讲师
北投法鼓山社会大学／手工皂、天然保养品专任讲师
台北市阳明教养院／手工皂创业顾问
理财周刊教育基金会／手工皂、天然保养品专任讲师
连江县政府辅导社区／手工皂创业顾问
国际牌松下电器／手工皂课程专任讲师
德国莱因 TÜV 集团／手工皂课程讲师
华硕电脑／手工皂、天然保养品专任讲师
和硕电脑／手工皂、天然保养品专任讲师
中泰人寿／手工皂、天然保养品专任讲师
台湾国际航电 Garmin ／手工皂、天然保养品专任讲师
公务人员退休抚恤基金监理委员会／手工皂课程讲师

著作

《3 步骤做顶级护肤品：65 款护肤品、手工皂自然美肤配方一次全收录》
《我的第一件贴身手工皂：3 种油打造纯植物性天然手工皂》
《自己做 100% 美肌配方皂：超实用 108 款天然无毒・全效养肤皂》

目录

引言

我与手工皂的旅程

2005年，我的人生开启了制作与销售手工皂的旅程。

在进入本书的主题之前，我想在此与各位读者分享我一路走来的心路历程，从最初到现在，希望能带给各位读者一些灵感与启发。如果你已经准备好了，我的故事就此展开……

我是复兴美工毕业，主修油画。我非常向往当个画家，过艺术家的生活，不必担心收入的多寡，只要生活过得去，这样我就满足了，这也是我对自己人生的设定。退伍之后，我试着白天在工地上班，晚上的时间热情饱满地创作油画，如此工作与创作进行了一年，无奈发现是行不通的，因为现实的环境是——台湾并不需要画家。

我们家是油漆承包商，我从初中就随着父亲去工地帮忙刷油漆。在我决定封笔之后，有两年的时间我在工地很认真地工作，让墙壁变成我的画布；但同时我却发现身为油漆工的悲哀——始终不变的日薪，以及等待工程时有一餐没一餐的生活。于是，在工地上了两年班之后，我转去摆路边摊卖贝壳，开始了我创业的第一次小小尝试。

摆路边摊的起源，是在一次因缘际会下认识了一对夫妻。第一次见到他们时，他们在卖领带与墨镜，三个月之后，我发现他们又在同一个地点卖不同的商品，而第三次竟然是卖贝壳。在此说的"三次"，指的是三年，整整过了三年！

这引发了我的好奇心，为何他们可以用这样的模式过日子？我是被工地绑着的，但他们怎么那么自由，仿佛时间由他们自己掌控。人流多的时候他们就会出现，生意平淡时就打包回家。所以，我决定也体验一下，向他们批发贝壳来卖，在鼎泰丰附近的闹市区开始了摆地摊的生活。这样差不多过了六个月，以每日只工作半天而论，当时的收入还不错。

之后，我认识了一位女孩，谈了一场恋爱。女孩的爷爷觉得我这样的摆摊生活没有前途，于是热心地帮我们开了一家牛肉面店。他是外省人，很会煮牛肉面，我还记得店名叫作"御坊"。然而，牛肉面店经营了一年后，我发现自己跟女孩的想法相差甚远，在理念不合的情况下结束了这一段感情。随后，我找了一份新的工作，在淡水的"琉璃工房"。

百转千回的人生况味

这让我又回到了喜欢的艺术创作环境，我在那边工作了两年，非常开心，也认识了很多朋友。但好景不长，公司遇上了金融风暴，以销售奢侈品为主轴的工房面临了很大的考验，整个公司笼罩在大裁员的紧张气氛当中。或许又到了离去的时候吧！于是我选择自愿离开。就这样，快乐的两年就这么画上休止符，我又将回到现实的社会了。

之后，家里发生剧变，经历了两次被淹变成废墟，而罪魁祸首，正是鼎鼎大名的台风象神与纳莉。我们家住一楼，象神来袭时第一次被淹，那时我还在淡水的琉璃工房，并没有见到惨状。父亲为了不让我们看到家里糟糕的模样，用他最后的积蓄以最快的速度将家里努力恢复原状。这种效率真的太惊人了！但是，我的相机、私人物品、好几百幅油画作品还有画具，也因此都不见了，什么都没有留下。仿佛我不曾在这里生活过一样。

离开琉璃工房回到台北的家后，我目睹了第二次被淹的惨况。家里的原木地板翘起来了，钢琴报废了，想找的物品都不见了，基本只剩下四面墙壁，还有墙上清晰可见的水位线。每当我回想起来，心就隐隐作痛。

第一次被淹时我父亲将泡过水的沙发等往外丢，丢得很过瘾，是因为觉得我们家的经济状况还过得去。第二次被淹，当我把冰箱、电视搬出去丢时，父亲却把它们扛回来了。这令我非常愤怒和羞愧，无法理解为什么要搬回来。

但母亲沉重地说，家里真的没钱了。我才猛然意识到一件事，原来我在琉璃工房及之前所有的工作，都只是在满足我自己的快乐，从来没有替家人想过，甚至压根儿都没有思考过是不是应该存点钱或

规划未来之类的问题。此时我才真正意识到金钱的作用，以及现实的残酷！

我家第二次被淹之后，因无力偿还房贷而导致房子被查封，公务人员跑来我家贴封条。母亲看到后，像失去理智般，疯狂尖叫着冲过去撕封条，一旁的公务人员则赶紧拍照，一脸漠然地看着我们。

我第一次看到母亲那种表情，还有公务人员无动于衷的样子，这样强烈的对比，我永远都忘不了。封条的出现才让我意识到，家里出了大状况。后来想想，贷款金额其实也没多少，只是家里真的没钱了，如果当时的我有一点出息，或许就可以把房贷还清了。但那天之前的我并没有想太多，以为人生简单快乐就好。此后我就像是被狠狠打醒了一样，意识到一件事——钱的重要性。于是我马上去找了一份看起来比较正当的工作，进入内湖科学园区当工程师。

创业的念头悄悄萌芽

我当工程师两年后，公司出了一些状况，美国的业务全部被挖。（我们公司有一百多位员工，在台湾有这样规模的电子工厂算是蛮大的。）老板发出豪语："公司有钱，养你们半年都不会饿死！"他竟然真的让我们半年不用工作，只要到公司打卡，即便没有做事也照样很有魄力地支付我们薪水。

但是，那悠闲的半年我的心却是躁动的，没事可做的时间既漫长又痛苦。那半年我到内湖科学园区里的每一家银行走动，去找各家银行的理财专员询问什么是股票，什么是基金。那时我已经意识到钱很重要，想去了解靠钱滚钱的方法，也借机学习一些金融相关知识。印象最深刻的是玉山银行的一位理财专员，他帮我算出以我当时的薪资若一路做到退

休那一年可以存下多少。他逐一按计算器给我看，而看到跳出来的数字后我差点昏倒，觉得太扯了！辛苦做到退休竟然才赚这些钱，人的价值不应该只是这样子吧？这一切太令人震撼了，难以置信，也难以接受！当下觉得应该要创业才行，内心创业的种子悄悄萌芽。

话说回当年摆摊卖领带的大哥，他们夫妻经过几年打拼，已经在台北和基隆搞了六家分店，卖耐克和阿迪达斯系列的女装。很巧的是他刚好在内湖要开一家分店，而我刚好住内湖，因为有过去那段"革命情感"，他来找我让我从基层做起。我很清楚地表明以后想要创业，只要每个月给我3万元（台币）让我在他店里学习一年就行，一年之后我一定要创业，而他也接受了。

在内湖电子公司上班的那一段时间，我认识了现在身边这位女朋友。她是台湾大学植物病虫害系毕业的，学历很高，而我当时不过是复兴美工的夜校毕业。在一次聚餐中认识了这位独特的女孩，发现和她有许多共通的话题。她上知天文，下知地理，只要你想得到的，她都有一番见解并能理性地帮你分析。我当下被她的知性美深深吸引，于是花了两个月的时间展开追求。

家里因为被淹，室内电话没有了，在那个没有手机的年代，我就去打公共电话，一块钱、一块钱这样投。周围的朋友都劝我打消念头，大家都说："她有三高，你没有一样能配得起！"她第一是学历高；第二是薪水更高，高得无法想象；第三则是年纪高。对于学历，我倒觉得念书并不难，只要有心，学历我自认可以补得齐。我在电子公司当工程师的那段日子，她也鼓励我去进修，进修对我往后的升迁会有很大的帮助。于是，我利用三年中的假日去念技术学院，因为立志要当老板，所以我选择了企业管理系。再谈到薪水问题，推动我日后去创业也是受

到她的刺激，因为她的薪水真的很可观。她是在外商公司工作，那是一家亚洲最大的贸易公司。而我在女装店一个月才领3万元。我的女朋友并没有嫌弃我的低薪，只是会不时提醒一件事："你要升官喔！升官才会调薪。"但是我心里明白，薪水再怎么调应该也没有办法达到和她相同的水平，毕竟她是台湾大学毕业而且还有专业经验。而这一切更加速了我想要创业的念头。

坚定走向创业之路

综观起来，我生命中有三个大事件发生，让我走向创业之路。一是家中发生了重大变故，二是当时摆路边摊的大哥再来找我时已经有六家分店的成绩，三是我认识了条件非常好的女朋友。在这三件事的刺激之下，我更笃定必须走上创业之路。

在内湖女装店工作的那一年让我大开了眼界，原来开一家店所要烧掉的钱那么多。我观察到很多细节，愈看到真相反而愈不敢开店。当初的雄心壮志不再，发现自己原来是一个提不起勇气的凡夫俗子。"开店快，倒闭更快！"这是我当时的领悟。一年届满之后，我实现对自己的承诺，离开了女装店，开始经营女性包包的网络拍卖。

我的女朋友在一家香港的贸易公司工作，公司的名气与规模非常大，专替欧美几家知名精品找工厂制作服饰与配件，因此她手边不乏一些不再需要的女包样品。基于爱惜物品、不随意浪费的想法，我决定试试卖这些包包。适逢奇摩拍卖开始兴起，我成为第一代的奇摩卖家。

坦率地说，在网络拍卖的初期我其实并不相信东西会卖掉。消费者没有亲眼看到、亲手摸到任何东西，只凭一张照片就先汇款给卖家，卖家收到款项后再

把货品交给消费者，在当年我觉得那样的消费模式是不太可行的。于是我抱着玩票的性质，拿女朋友公司一些面临销毁命运的女包样品上网拍卖，没想到两天就卖掉了。这个结果让我很错愕，惊讶之余，赶紧继续放十几个包包上去拍卖，也都以惊人的速度全部卖掉了。

那时我明白了，网络购物的时代正式开始，大家已经可以接受这样全新的购物方式。在奇摩拍卖了半年左右，我把过去所学，包括摆路边摊与卖女装的经验，以及我的行销专长全都倾注在网拍上。半年内我卖了许多包包，多到把我的女朋友吓坏了。让她觉得一旦传出去，被这几家知名精品公司发现并追溯到源头的话，事态就严重了。

所以，我的女朋友毅然决然地切断了我的货源，再也不给我样品包了，她直接说："你要靠自己，good luck（祝你好运）！"当时我很懊恼，但回想起来我很感激她，因为她断掉我所有的后路，使得我必须去寻找新的出路。

创业前的分析思考

接下来的创业方向，我从食、衣、住、行、育、乐六个方向去思考。

当年很流行 M 型社会的概念，认为富者恒富，贫者恒贫，中间的中产阶级会渐渐消失，大部分会往贫穷的方向去。从 M 型的图表去看，我发现了一件有趣的事，无论是中产阶级、穷者、富者，只要是人都脱离不了食、衣、住、行、育、乐，所以我才从这六个大项切入探讨。

以食来说，我的味觉并不敏锐，即便开过牛肉面店，但对它没兴趣的我还是不擅长料理。经营牛肉面

店的那段日子就像行尸走肉，我并没有倾注我的热情，像个机器人般纯粹按表操课。衣的方向曾经体验过，去五分埔批了很多衣服也去看了地点，却被租金和押金给击败了，我当时的存款并不多，这两大费用就可吃掉我所有存款，后面也不用玩了，实体店面是绝对不可能了。我也曾经试过在网络拍卖衣服，但当年在奇摩拍卖衣服竞争十分激烈，即便是一元起标，在茫茫的拍卖之海中也找不到自家的商品。

住就不用谈了，我不想再去刷油漆。行的方向，我也不可能去卖汽车。育与乐这两个方向就有趣了。

我突然发现一件事情，有钱人珍惜生命，享受生活，不怕东西昂贵，因此以食来说，他们要吃有机、健康、天然、营养、可延年益寿的东西。而从内服与外用两个观点来探讨的话，内服是指吃的，外用应该是保养品。那时候我并不会做保养品，只知道保养品最低阶的产品叫作香皂。这让我灵光乍现，产生一个想法——手工皂！于是我开始上网"爬文"，参考日本介绍手工皂的博客进行研究。

我的手工皂研习

还记得当时我想研究手工皂，除了查询国外的网站外，只有三本书籍可供参考，是两位台湾的女性前辈以及日本作者前田京子写的。前田京子那本书很权威，初学者一般看不懂，到后来才会发现那本书愈看愈有趣。另外两本书一开始我就看懂了，于是依样画葫芦，去化工商行采买材料来试着做。但让我很失败的是，我的磅秤、材料、用品都是符合书中要求的，却没有办法达到书本中讲的 20 分钟就可以皂化。

我打了快 4 小时仍不见皂化，打到手很酸，打到气

炸了，我不知道她们在写什么，心想还不如不要告诉我要打几分钟。前田京子的书并没有告诉读者这一锅皂要打多久，而另外两本却有，所以未在所讲时间内皂化相对地会让人气馁。

在很久以后，我才明白是什么原因，并不能怪那两本书，要怪自己当时没有领悟到。但那时候我放弃了，觉得这两本书对我根本毫无帮助，于是我把重心放在前田京子这一本书上，因为它并没有特别写皂化时间。但是，它还是出了一些错误，克数跟毫升数是不同的，在翻译的时候弄错了，毕竟译者不一定会有化工背景。计量单位搞错了导致有些香皂制作会失败，因此前田京子那本书也不可全信了。结论是，想做皂我只能自学。

我对每一款油都进行试做，用三种基本的油脂去做皂：椰子油、棕榈油、橄榄油，它们是最简单的植物性手工皂素材，也是最平价的。充满实验精神的我就用百分之百的椰子油打一锅，棕榈油打一锅，橄榄油打一锅，再分别计时，看看在同样的条件之下，也就是温度一致、油品货源一样、氢氧化钠一样、水也一样，测试出来会有什么结果。结果我发现了很大的秘密：硬油皂化快，软油皂化慢。比例不同，皂化时间相对也会不同。那一刻，我顿悟了。

我意识到：在做任何一个产品之前，一定要先去弄懂原材料的特性。我不是一个相信配方的人，我觉得配方是主观的，是量身定做的。例如你可能觉得薰衣草精油有安定、舒眠的效果，但那是对你个人的效果，不可能对所有的人都有相同的效果。

人的个性不同，DNA也不同，没有理由同一种精油适合每一个人，所以我觉得这部分主观性比较强。但是，每一种油的皂化时间是客观的，这没有什么争议，软油就是很慢，硬油就是快，如果今天软油突然不按照既有的时间，很快就皂化了，我可以直接下一个结论——你可能买到品质不纯的油或温度过高所致。

我是每一款油都试用，用单一的油脂直接测试它的皂化时间，慢慢去了解每一款软、硬油的优势与劣势，去比较洗感的好与坏。我测试了很多款油并发现了很单纯的原理：硬油代表清洁力很强，软油代表滋润度很高；硬油皂化速度很快，软油皂化速度很慢；硬油不容易被水溶解，使用后还是固态的不容易软烂，但是软油即便放着不使用，它自己也会变软，这是软油的特性。

如果你对于每一种原材料可以大致列出自己的看法，就可以架构属于自己的一套系统。也因为这样自学的过程，我比较异类一点，市面上找不到一本书告诉你3种油可以成就出多少功能性质的手工皂，而且你会发现市售书籍看起来都很相似，只讲这个配方添加什么会达到什么功能。但我觉得配方的部分见仁见智，我还是比较喜欢就原材料本身来探讨。

在半年的时间里我设计了20多款香皂，先从身边的亲朋好友开始测试，再进行微调改善。毕竟先前提到的是我自己研发出来的一套系统，最终还是得让人使用。一个是理论的归纳，一个是实务的应用，两边稍微做一点修正之后，发现周围的人都反映很好洗，于是就有点自信了。

不断受挫中对自我的质疑

我在2005年9月正式在奇摩拍卖出售手工皂。以我复兴美工的背景，拍照上架和美编设计绝对是百分之百的漂亮，定价也很低廉，当时我的手工皂卖49元、69元、99元（台币），我觉得这样销售完全没问题。然而卖了一阵子，我不明白为何会不受人青睐，手工皂市场是一片沙漠吗？当年奇摩拍卖的手工皂品项并不多，卖家非常少，市场极其微小。

足足有六个月的时间，我完全搞不清楚是怎么一回事。页面不错，价格不错，什么都不错，除了香皂市场比较小之外，应该没有理由一块都卖不掉。我的网店名"猫咪走路"四个字也没变，原先买包包的客人怎么都没有再回流？我完全不能理解。

决定创业时我跟家人说，这一年我要创业，因此不会拿钱回家，请大家共克时艰。我一直留着自己的第一本存折，里面存了16万元，要拿来创业。可半年过后，眼看我的创业资本也差不多快烧尽了。无人问津时我完全不能理解到底发生了什么事，手工皂为什么会没有市场？

我非常愤怒与焦虑，我觉得，该做的都做了，下场却是如此。因为没有拿钱回家又闯不出成绩，我开始感到内疚，也不好意思在家里吃饭。觉得每天窝在客厅打香皂的自己有一点像米虫。于是我会佯装肚子不饿，请母亲不要给我煮饭，自己再偷偷去外面买50元的铜板便当，更不敢直接在店里吃，因为坐在一群上班族之中的我，相形之下更像米虫，这样的画面太令人难受了！犹如丧家犬般，我躲到家附近的湖边默默吃饭，只能用落魄二字来形容。我非常愤怒，自认历经了很多工作也累积了很多经验，做出来的香皂也很好，没有理由是这样的下场。

我的父母和女朋友忍了我半年，最后终于开始讲话了。女朋友抱着我养的猫，淡淡地对着它讲了一句："阿牛，阿牛，不知道你爸爸什么时候才可以养得起我们两个？"我坐在旁边包装着一堆卖不出去的手工皂，玻璃心也跟着碎满地。我知道她不是要刺激我，只是落魄的我比较敏感。

我在客厅打皂，母亲看了半年，也是淡淡地讲一句话："你还要玩多久？"我心想："这怎么

会是在玩呢？这一切是为了想赚钱。"但因为自己都没有拿钱回家，只好把一切往肚里吞。到最后，是我父亲致命的一击，他直接说："做这个有出路吗？而且你把自己搞得这么累，值得吗？"其实父亲是想安慰我，但我或许因为郁闷太久，整个理智线断掉了。

当时我不眠不休在做皂，都做到尿血的地步了。我们家很小，我的床就是我做皂与包皂的地方，做到累了就直接趴下来睡。父亲一句关心的话语却变成了压垮我的最后一根稻草，我对父亲吼道："我已经这么努力了，只差没有把命赔进去。如果我不成功，是老天无眼，你要去怪老天，不能怪我！"父亲被我的宣泄弄得有些莫名其妙，吓得赶紧来帮我煮蜂蜡，还手忙脚乱地被烫到："哎哟，这么烫！"

转个念头，找到创业的价值

有一部电影，对我影响很深，给我很大的启发，电影名字叫作《蝴蝶》（*Le Papillon*）。《蝴蝶》是一部法国片，故事叙述一个身为蝴蝶学家的老爷爷，要去山上捕捉蝴蝶制作标本，住在他家对面的小女孩一个人在家很无聊。她看对面的老爷爷每天出门很羡慕，于是有一天，就偷跑去老爷爷的车上躲起来，想跟着一窥究竟。等到老爷爷发现时，车子已开到郊区，来不及将小女孩送回家了，只好带着她一起工作。在一个半小时的片长中，都是一个老爷爷和一个六岁小女孩之间的对谈。老人与小孩之间充满哲学的对话，里面隐藏着很大的智慧。

有一幕让我有很大的顿悟。小女孩趴着欣赏母鹿喂小鹿的画面，小鹿跪着吃妈妈的奶，突然砰的一声，母鹿被一枪爆头，小鹿惊慌失措地在原地徘徊。接着猎人出现了，因为小鹿太小了，猎人就放过了小鹿，直接把母鹿扛走。小女孩吓坏了，她问老爷爷

为什么猎人要杀鹿，老爷爷回答，因为猎人要工作赚钱呀。小女孩又问，那为什么要赚钱？老爷爷说因为要成为有钱人呀。小女孩接着再问："那我要怎么样才可以成为有钱人？"这个问题很关键，让我也屏住呼吸竖耳聆听，而老爷爷只是淡淡地说："你要做你喜欢做的事情。"

我的脑袋开始不停地思考，没有人去残害一个生命是因为他喜欢做这件事情，去杀动物这种事你会说是喜欢吗？不是吧，只是为了赚钱吧！这样的人不会成为有钱人。真正想成为有钱人，就要做自己喜欢做的事情。

我这才蓦然醒悟，半年来，我把学习做皂这件事当作赚钱的工具，从来就没有把它当作是一件快乐的事。我应该转个念头，如果要让自己觉得做皂很愉悦快乐的话，不能只局限在廉价成本的素材上面，而是必须跨出下一步，去尝试品质更好的中、高价素材。

当初去买低成本的油品，是因为定的售价低，而售价低则是因为想赶快卖出去赚钱。为了迎合低价，我用三种油，最多五种油做皂，我的原料以我当时买得起的廉价油品为主，精油当然也是买便宜的，完全不涉猎中、高单价的素材。

我的创业金才 16 万元，中、高单价的油品很伤本，但一块 49 元与 69 元价位的香皂对一个有钱人来说，应该不是感兴趣而是质疑吧？我意识到应该去采购较高价的油品，例如月见草油、玫瑰果油等，或许价格会拉高，那就拉高吧！如果高价没人买，那就让自己和家人用吧！

想通之后，我便打算这么做。当初只给自己一年的时间创业，结果前半年一块皂都卖不出去，所以我只剩下六个月。如果这段时间，我仍然无法赚到可以养活自己的钱，我就去找一份工作再存一笔创业金，然后重新来过，毕竟年轻就是本钱。

想成功，就要做能让自己开心的事

就如母亲讲的，我只剩下六个月可以"玩"，如果大家都不买那就不再卖了，我尽量用最后的时间，做一件会让自己感到快乐的事情。

首先，我到兴旺养蜂场去，很巧的是他们家女儿刚好跟我的女朋友认识，于是关系又拉近一步。因此，我可以收集到老板留给我的最纯粹的蜂蜡，价钱还很便宜。

接着，我去参访迪化街的中草药店，到处询问店家如何利用中药材来调理肌肤，经老板解释后，赫然发现原来部分中草药是有毒的。用以毒攻毒的原理来调理或改善病症，不管是西药还是中药都是一样的。当你身上有疾病时，中、西药会用更强大的毒素把疾病压下去，由此可见，大部分药物都是有副作用的。

在半年时间里，我走遍大稻程的药草店、万华的青草街等，我决定放宽心去做让自己开心的事情。我用最后仅存的 3 万元去买了一台精油蒸馏器，然后跑到各山区采集台湾原生种的植物蒸馏成精华油。因为被怀疑是山老鼠，我有三次被警察约谈的记录，但我总是认真地向他们解释，外国的精油都卖好贵，我是在研究弘扬本地植物精油的文化！到了最后，每个警察都会说："对对对！现在就是需要你这种人！"

沉浸在找寻原材料世界的我非常快乐，而我卖场里所有的香皂，已经变成最低单价 149 元，最高单价 190 元，那些 49 元、69 元的低价品已不复见。我亲手写的手工皂目录，从一开始很制式化地描述成分与功效，到后面仿佛是在写寻宝游记般，叙述到各地寻找或采买各种素材的小故事。我发自内心地把喜欢的事物写下来，不再去考量市场了。

创业的前半年，我遇到很大的挫折，一块皂都没有卖掉。之后念头一转，改变我的态度，改变我的定价，竟改变了我的生活，后半年的世界开始不一样了。我在短短的半年当中赚到了人生的第一桶金，订单源源不断，资金也更充裕了。我开始过着忙碌的卖皂生活，有两年时间，每天醒来就是开电脑、回答消费者的问题、出货、接很多的订单，有空当的时候再研发新的香皂，不断累积实力。当时觉得赚钱很快乐，但生活很寂寞，每天就是坐在电脑前面回答问题、做皂、包装、出货……

就这样努力过了两年，以一个网店的成绩来讲真的赚了不少钱，我也成为奇摩的人气卖家。但我发现一件很重要的事情，一个人的时间有限，一天24小时可以做多少事情和赚多少钱，是算得出来的。因此，如果想要赚更多的钱，可以朝两个方向前进，第一是找更多员工来帮你赚更多的钱，例如将做皂、网拍、包装、出货等每个项目都进行分工，但相对来说缺点就是赚的钱也会被摊薄。

第二是直接开一家实体店面，因为虚拟已经做起来了，有实体店面的话可能会更长久。但是此时，我的心态又保守起来了，手上好不容易赚到的人生第一桶金，有可能就败在一家店，很快一切归零后走向倒闭，想到这里我就更没有勇气，进退两难，当时很迷惘。

究竟该继续忙碌于网络销售，还是要开实体店？我为了手工皂已经赔上了健康，不知这两年是怎么活过来的，这段难以形容也不愿回想的日子，我还要

继续吗？但既得利益不要也很亏啊！就这样在进退两难的情况下，出现了一个机缘，让我得以进入百货公司卖手工皂，开启了我手工皂事业发展的第二阶段。

手工皂事业的第二阶段：进入百货公司渠道

我永远记得在百货公司卖皂的第一天，我的业绩挂零，停下脚步的人很多但往往都是看完就走。经过一番观察与思索之后，我找出了原因，原来我忽略了"消费者行为"。逛百货公司的消费者对香皂的期待是什么？关键就在于——要好看、要很香。但我却只专注于它的功能性。

我的目标客户是女性消费者，但方向却完全错误，忘了投其所好。顿悟后，我立刻改变行销策略，把无色无香的 CP 皂（请参考 P.268）全撤下，彻夜改做 MP 皂（请参考 P.267），加重了香味与颜色，且全部改用美丽的造型模具。接着在第二天，还有之后每一天，都创下了惊人的业绩。

口碑传开之后，我收到许多百货公司的邀约，就此展开了我实体店铺的"周游列国"。SOGO、新光三越、Bellavita 等大的百货公司都有我的足迹。这样的经历，让我摸清楚了消费者行为，让我客观分析需求与供给之间的关系。MP 皂教会我换位思考，让我开拓行销之路，不再存有"CP 皂比较好，MP 皂比较烂"这种武断的想法，卖得掉的才有说服力。

同时，我也非常感谢台北市艺术手工皂协会的创会理事长姚老师，在我发展实体店铺的那段时间，在成分说明、开立发票与其他相关法规上，给予我非常大的帮助，这是雪中送炭的恩情，没齿难忘。

手工皂事业的第三阶段：步入教学之路

我的手工皂事业发展的第三阶段是步入教学之路，教学给我的生命开启了另一扇门。我受邀去"百韵语文技艺补习班"教手工皂制作，那也是我第一次上手工皂课。之后，也陆续到台湾联合报系文化基金会与文化大学推广部等机构授课，展开了在各级学校与民间机构的授课之旅，并在2010年创立"台湾手工皂推广协会"，制定手工皂师资培育计划与认证制度，一路走到现在。

最后，我想要告诉大家的是，做你喜欢做的事情，享受生命的每一天，越早越好！

PART 1

制皂前
该知道的几件事

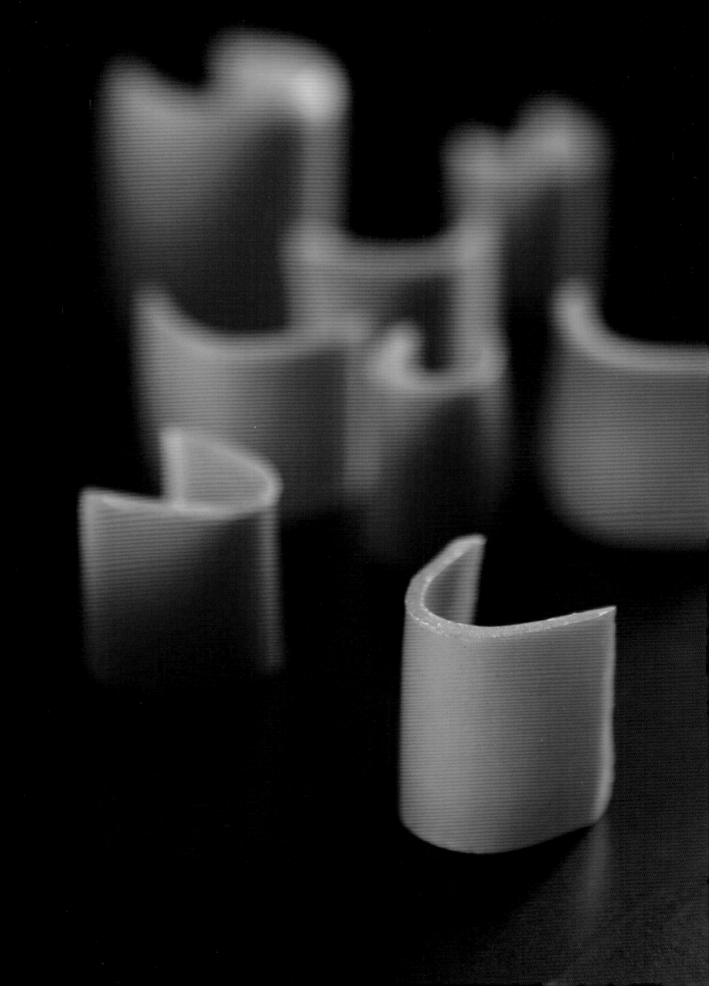

早期靠热制法制作香皂，

以提升速度与产量，

维持价格的平稳与保存日期的长久。

现在讲究的是低温法，

以不破坏油脂的养分为前提。

时间已不再是问题，因为好东西值得等待。

我们用到的手工皂，

是在职人们一生悬命的执着的信念下诞生的。

In the early stage of my trade,

I relied on the method of "hot process" to enhance my

production speed and volume,

and to secure price stability and soap's preservation.

Now I focus on the "cold process",

the approach to preserve the oils' nutrients.

Time is no longer a matter,

knowing that a good quality soap is worth the wait.

Bear in mind that the handmade soaps we use,

are the achievements of the artisans' life-long devotion.

手工皂的数字密码

皂化价与 INS 值

皂化价 sap value

皂化价泛指 1 克油脂需要几克碱（做皂常用的是氢氧化钠）以进行皂化反应。皂化价三个字连在一起不好解释，所以我们把它拆开为"皂化"与"价"两方面进行探讨。

所谓的皂化（saponification），指的是液态的油脂加入了"某样"物质，而让它转变为固体的皂。

举例来说，土壤会"液化"，是因为地壳板块移动产生了地震，地震又引发地下水喷发于土表，而让土地瞬间变成沼泽；当我们烧水时，水因为受到持续加热而达到了一定的温度，所以转变为气体（水蒸气），这就叫作"汽化"，液体转变成气体的过程，也和萃取精油的"蒸馏法"[注1]有点像。

也就是说，必须要有一个元素的介入，才能产生另一种新的物质。由此，我们可以解释成：液体的油脂因为加入了一定比例的碱，就转变成固体的皂，这个过程就称为"皂化"。

那"价"又是什么呢？油脂种类非常多，每一款油脂所需的碱量也不同，好比我们一样搭乘火车去旅行，地点不一样，票价也不尽相同。例如：椰子油的皂化价为 0.190，意即 1 克椰子油需要搭配 0.190 克碱；若标准版的皂约为一块 100 克，那么需要 19 克碱才能使 100 克的椰子油转变成椰子油手工皂。

"价"指的是油脂与碱之间的等价关系。这里来讲个小故事，原本的我单纯只想当个画家，人生中并无太大的欲望与物质需求，直到家里遭逢剧变，才晓得钱的重要性，进而开始转向创业，人生的风景因此也变得不同了，这也应该能叫作"变化"吧！

注 1 |

蒸馏是捕捉气体里微量精油的过程。当我们收集了大量煮薰衣草而产生的气体，使其降温后气体又会凝结成液体，而液体里含有水与油两种物质，浮在上层的便是薰衣草精油。

INS 值

INS 值的全名是 iodine number saponification value。它指的是成皂后，皂体结构所表现出来的硬度的一种参考值。使用的油品 INS 值越高，成皂后皂体硬度越高且结构越扎实，但若水量搭配不对恐怕就会有碎裂的可能性。使用的油品 INS 值越低，皂体轻则软烂、遇水则化，重则根本不成皂、打不成浓稠状。初学者一开始就必须搞懂 INS 值的原理，避免材料与精神上的耗损。

以下举例试算：

油脂	硬度	皂体特性
椰子油 100 %	INS：258	坚硬 / 扎实
芥花油 100 %	INS：56	软烂 / 不成皂

如何界定一个手工皂标准的 INS 值？就我的看法，INS 值在 120 ~ 180 区间内都可算是合理的硬度，在此范围内做出的皂基本上软硬适宜，不容易失败。如果硬度低于 120 恐怕会有软烂的问题出现，而高于 180 则会有破碎的疑虑。

再进阶一点来谈，INS 值可以反映出每款皂的特性。

例如，INS 值 120 的手工皂表示"硬油比例低，软油比例高"。软油代表滋润度，这个数字告诉我们，此款手工皂适合干性肌肤使用。反之，INS 值 180 表示"硬油比例高，软油比例低"，而硬油代表清洁力（乳油木果脂不在此限），此款手工皂适合油性肌肤使用。

手工皂的合理硬度

INS 值 120 ~ 180

120	130	140	150	160	170	180
干性			中性			油性

当然，这只是理论，帮助初学者在还没实际做皂前先纸上演练一下，了解成皂后是否会达到预期的结果。如果高阶一点的话，则可以利用 3 种基础油（橄榄油、椰子油、棕榈油）制作出适用各式各样不同肤质的手工皂，这部分后面会详细介绍。

各类油脂
皂化价及 INS 值

油脂		SAP 皂化价	INS 硬度
摩洛哥坚果油	argan oil	0.136	97
甜杏仁油	sweet almond oil	0.136	97
杏桃核仁油	apricot kernel oil	0.135	91
酪梨油	avocado oil	0.134	99
天然蜂蜡	beeswax	0.069	84
茶籽油 / 苦茶油	oiltea camellia oil	0.137	128
山茶花油 / 椿油	camellia oil	0.136	108
芥花油	canola oil	0.132	56
蓖麻油	castor oil	0.129	95
鸡油	chicken fat	0.139	130
可可脂	cocoa butter	0.137	157
椰子油	coconut oil	0.190	258
玉米油	corn oil	0.136	69
牛油	cow fat	0.141	147
黄瓜籽油	cucumber seed oil	0.130	30
月见草油	evening primrose oil	0.136	30
葡萄籽油	grape seed oil	0.127	66
榛果油	hazelnut oil	0.136	94
马油	horse fat	0.143	117
荷荷巴油	JoJoba oil	0.069	11
猪油	lard	0.138	139

油脂		SAP 皂化价	INS 硬度
月桂果油	laurus nobilis fruit oil	0.141	124
澳洲胡桃油	macadamia oil	0.139	119
白芒花籽油	meadowfoam seed oil	0.121	77
橄榄油	olive oil	0.134	109
鸵鸟油	ostrich oil	0.139	128
棕榈油	palm oil	0.141	145
棕榈核仁油	palm kernel oil	0.156	183
花生油	peanut oil	0.136	99
开心果油	pistachio oil	0.133	92
南瓜籽油	pumpkin seed oil	0.133	67
覆盆子油	raspberry seed oil	0.132	25
红棕榈油	red palm oil	0.141	145
米糠油 / 玄米油	rice bran oil	0.128	70
玫瑰果油	rose hip oil	0.138	16
红花籽油	safflower oil	0.136	47
芝麻油	sesame seed oil	0.133	81
乳油木果脂	shea butter	0.128	116
大豆油	soybean oil	0.135	61
葵花籽油	sunflower seed oil	0.134	63
核桃油	walnut oil	0.135	45
小麦胚芽油	wheatgerm oil	0.131	58

我固定去的几家原料商，

都很有职人的精神，

每种油脂方面都有专家，

至少一两位专家，

我总是尽力追随他们的脚步。

I maintain a stable relation with a few raw material suppliers.
They, too, have the spirit and traits of what makes an artisan.
Each kind of oil has, at least one or two, of its own expert.
And I always do my best to keep up with their specialty.

.

制作手工皂的基本原料

油脂、氢氧化钠与水

制作手工皂的三种基本原料，分别是油脂、氢氧化钠与水。

油脂和水是不相溶的，当水加入了碱之后便可以让它和油脂相溶，慢慢乳化，进而皂化。好的手工皂，软油和硬油之间的比例应拿捏得当。

大部分香皂如果硬油的含量比较高，其清洁力强，起泡力绵密，但滋润度相对降低，这也是一般市售香皂的特性。反之，软油含量比较高的香皂，其滋润度增加，清洁力相对降低，使用者会觉得香皂容易软烂并且消耗快。

因此，想创造出适合大众的手工皂，首先要了解原料中最重要的油脂，因为它占了一块香皂原料构成比例的八成以上。

动、植物油 oils & fats

在自然界中有三大类的油品，分别是植物油、矿物油与动物油，它们基本上都可以用来制作手工皂。

这三大类的油品，跟社会进化有着一定的关联性。

油脂种类的进化

年代	1920～1960 农业社会	1960～2000 工业社会	2000至今 科技社会
代表性油品	＜动物油＞	＜植物油＞	＜矿物油＞
	清香油	宝素斋	娇生婴儿油

我的母亲与女友都是客家人，有许多相似的生活体验。我的母亲住在新竹县竹东镇五峰乡一个偏僻的山区，我的外公名字叫彭震山，听到这个名字会觉得很威风。我依稀记得在很小的时候，外公都会抱着我说："你眼前所看到的每座山都是我买下来的。"后来听我母亲说，外公是靠着养牛卖牛，用一点一滴累积的财富把山买下来的，有了山之后再分配给其他子女们耕作。于是我问母亲："你也会种田？"我母亲回答，她的工作是负责养兔子。我很天真地追着问：是养来当宠物玩吗？我母亲说，

是取兔子的皮毛来卖钱。

我女友家里则是靠养猪来养活全家大小。早期的台湾农村，搞畜牧业明显更赚钱。我还记得有一种食物叫作猪油拌饭，在白米饭上淋上一匙香喷喷的猪油与酱油，于当年物资匮乏的环境就已经是人间美味了。

可想而知，动物油应该是早期农业社会的产物。我记得曾看过一则广告，时间应该是在20世纪70～80年代，广告台词是"炒菜不必放肉丝"，产品叫维力清香油，顾名思义，它就是猪油。我的解读是，猪肉很贵，而加入他们家的猪油可以让食物变得更美味吧！

我母亲初中毕业后就离开乡下，来到大都市桃园的成衣加工厂当作业员（据她说，是乡下环境太苦而逃出去的）。20世纪70年代的台湾经济慢慢起飞，原因来自于代工，因为机械工业的发达，需要投入大量的人工与劳力来发展经济。

小时候我与妹妹在客厅组装过圣诞树的叶子。印象中放学回家后，客厅满是绿色尖状物，我与妹妹必须在晚餐前组装完成，不然会没地方吃饭。这非常符合当年政府的口号：客厅即工厂。

所谓的成衣也是如此，因为输送带的发明，可以将衣服的各部分自上游到下游分为不同的步骤组装而成。你缝扣子，我装拉链……要在一定的时间内量产，于是需要大量的劳工。

机械化的进步，让我们得以从小小的种子和果仁中变化出大量油脂，远比养一头牲畜有效率。此变化也对我们的饮食产生革命性的影响，直到今日。

我还记得有一个广告，是把当时台湾人常用的"清香油"放进冰箱去冷冻，再把宣传的油依照同一个条件去冷冻。20分钟后清香油冻结了，但宣传的油还是一样清澈透明，意思好像是说清香油吃得愈多，囤积在血管里的脂肪对健康会产生不好的影响；而宣传的油在低温下依然纯净、透明、不变质，相对健康。

宣传的油叫作"宝素斋"，是植物油。所以我们可以引申到，过去只要有得吃就很幸福了，现在则是选择变多，我们应该以健康为导向。一场动物油与植物油的战争在此揭开序幕，当然我们都知道最后是植物油赢了。

时至今日，我们人手一个智能手机，不管身在何处都可以视频通话，不需烦人的线。我们的资料存档再也不需要光碟片或随身碟，只要上传云端。可以说科技社会已来临，人们发挥最大的智慧，研究出满足生活品质与需求的各式发明，连矿物也可以制取油脂，而且用途还遍布在我们生活中的食、衣、住、行里。

矿物油运用在吃的部分，主要用作食品添加剂中的加工助剂，例如消泡剂、脱模剂、防粘剂等；衣的部分，运用于具有吸湿、排汗、发热等功能的聚酯纤维面料；住的部分，运用于发泡棉、隔音墙、油漆等；行的部分，从早期蒸汽火车所使用的煤油到现代用的汽油，路上的柏油都是。科技的进步相当伟大，延伸到彩妆、保养品上的应用更是比比皆是，例如凡士林、婴儿油、卸妆油、透气油，等等。

以上所举的三大类油脂皆能制皂，可以拥有多样选择。对原材料的类别认识越多，你的选择也会变得越广，世界自然就变大了，创作的深度也优于别人。

＊矿物油在手工皂上的运用至今仍存在争议，因此本书没有对矿物油多做叙述。

油品的选择：动物油篇

目前业界所销售的手工皂，有90%以上是以植物油为原料，如果有机会看到动物油手工皂，一般来说都会是传统产业下的产品。例如南侨水晶肥皂，它便是用牛油制成的，颜色呈咖啡色；不然就是自家生产的，例如卖鹅的，自然就会产出许多的鹅油可供做皂。

我曾经在台湾一个文创市集里看到包装很法式的鹅油皂，故事大概是父母亲在南部养鹅，创作者从法国留学返乡帮忙家里的事务，灵机一动而想出来的点子。我也买过尼泊尔制作的牦牛油皂，虽然是皂基做的，但看到皂体上面有牦牛皂章，也别有一番异国风情。

我从来都不认为用植物油做皂就比较天然、环保、爱地球。我总觉得，我们是动物界的一分子，理应使用动物油啊！我们小时候不也是吃动物油长大的吗？可能是因为取得、保存与市场接受度等因素，迫使我们往植物油世界前进。

在油脂的世界里，我们可以把油脂简化成两类：软油与硬油。在名称上，一般把软油称为油，把硬油称为脂。

辨别两者差异的方式是，硬油在20℃以上，所呈现的状态为液体，但在20℃以下，则呈现固态，而且温度愈低油脂愈硬。反之，软油在常温下永远都是液态的。

软油、硬油在动植物界中都有分布。动物油的世界里高达90%都属于硬油，天上飞、地上走的动物，其油脂几乎都属于硬油；剩下的10%便是在海里游的鱼类的油脂，例如鱼肝油。动物油在手工皂相关书籍里出现的文献相当少，先不论市场接受度与其他因素，我觉得主要还是取得不易而导致如此。

试想，人的一生里既然出不了几本书，何不写下一些有益于自己与他人参考的内容呢？所以，本书会列出几款买得到的动物油，与读者分享制成手工皂的相关经验与做法。

油品的选择：植物油篇

植物油刚好与动物油相反，有90%都属于软油，其余的10%则是椰子油、棕榈油、乳油木果脂、可可脂等硬油。我们可以直接称软油的功效为滋润，不管是大豆油或玉米油，都是为滋润而存在的油。接下来主要介绍制作手工皂的三种基础植物油。

橄榄油 olive oil

第一个必备油品，就是提供滋润效果的橄榄油。我们常看到的手工皂大都由橄榄油制成，抛开一般的商业宣传，我个人认为这与橄榄油的 INS 值及价格息息相关。橄榄油的 INS 值为 109，虽然不是所有软油中最高的，可是跟其他 INS 值差不多的油品相比（如椿油、榛果油等），价格可以说是比较亲民。当然就成本来说，还有其他价格更低廉的油品（如大豆油、玉米油等），但别忘了它们的 INS 值通常并不高，保证不了皂体的硬度，抗酸败性也不理想。

也就是说，INS 值数字愈低的油变数相对大，为了避免麻烦，还是乖乖使用橄榄油吧！（不过，还是有其他方式能克服，后续将在每一款皂中特别介绍。）橄榄油在现代已被确定为营养品的基础构成了，所以不劳我们多作文章，卖油的厂商会很努力地去推广此种好油对人体的功效与好处。

所以，橄榄油是做皂的首选，10% ~ 100%的比例皆可，主要功能为滋润。

椰子油 coconut oil

第二个必备油品，就是提供清洁效果的椰子油。香皂的核心价值为清洁，而清洁来自于泡沫。有了泡沫就能分解污垢，身体自然干净。而泡沫便是由椰子油提供的，不管是自家制作小量的香皂，或工厂级大规模生产的商业肥皂，几乎找不到不加椰子油的皂，所以可说它是手工皂里的一大功臣。

基本上，使用量同样是10% ~ 100%皆可，但要注意的是，如果使用量超过40%，恐有清洁力过强的问题。用于干性与敏感性肌肤，建议下调到20%以下比较妥当。如果要当作家事皂或洗衣皂使用的话，则椰子油愈多清洁力会愈强，建议60%起步。

顺便一提，椰子油在全球的前三大生产国依次为菲律宾、印度尼西亚与印度。以菲律宾为例，椰子树种植面积达全国约五分之一的土地面积，椰子油产量占全球总产量七成以上，但是生产方式并非如马来西亚般采用先进的企业化生产，在菲律宾八成以上都由小农经营，自有农地最大不超过5公顷，最小则种植10棵椰子树也可进行产销，收入仅供温饱而已。

椰子树的生命周期与人类相仿，12 ~ 13年才会成熟结果，50 ~ 60年便逐渐老化，到了80 ~ 90年就会死亡，所以又被称为"生命之树"。

棕榈油 palm oil

第三个必备油品，就是提供硬度的棕榈油。世界在变，但道理永远不变，物品的价格，永远是物以稀为贵。棕榈油是植物油里第二便宜的油品，第一名为棉籽油。棉籽油之所以便宜，是因为种植棉花是为了做衣服使用，需求量很大，所以全球均有种植，

而多余的棉籽就会被拿来炼油。因为大部分棉花有农药残留的问题，即便经过纯化，市场还是有所顾虑，所以一般都应用在工业上，如齿轮润滑剂、车针油等。棉籽油的最大出口国依次为中国、美国、印度，刚好也是成衣大国的排名。

再回到棕榈油，它的最大出口国为马来西亚。根据马来西亚经济部投资事业处统计，2016年马来西亚棕榈油的种植面积为574万公顷，占该国土地面积的17.37%，年产1731万吨。早在1985年，全球的棕榈油产量早已超过乳脂与牛羊脂的总和（难怪动物油不好卖），成为地球上第二大类的油脂（第一名为大豆油）。

如上述所言，它能不便宜吗？上网搜寻棕榈油，大概都没什么好话，一部分是关于大量种植而破坏热带雨林，另一部分则是关于食品安全，因为它的饱和脂肪酸过高，导致有损害健康的疑虑，目前欧盟已限制棕榈油的进口。

但是，棕榈油也并非全都是缺点，它被广泛使用，从零食到造纸，从肥皂到生物柴油（biodiesel），几乎覆盖着人们的生活圈。如果有一天棕榈油废绝了，所有产品的价格可能会上涨很多吧！如同若是台湾不再承担制作代工，那全球市场的财富分配可能会大洗牌吧！

棕榈油对于手工皂的意义在于提供硬度，它或许不是INS值最高的（最硬为椰子油258），但它却有加再多也对肌肤没有伤害的特点（但也没有特别的优点、效用），建议用量10% ~ 100%。

如果想更进阶，可以考虑直接以棕榈核仁油替换棕榈油，价格或许会高一点，但却能同时提供硬度与起泡力两项优点，甚至可以直接淘汰掉椰子油，改用棕榈核仁油来支撑整个手工皂的结构。

但这是再进阶一点的事了，初期还是以棕榈油、橄榄油、椰子油来架构一块手工皂为佳，因为只要懂得运用比例，便能制作出不同功能性质的手工皂。

结语

橄榄油犹如妈妈的角色，扮演着呵护与滋润肌肤的功能，但加太多的话，皂体会软且消耗快；椰子油扮演爸爸的角色，一肩扛起清洁力的功效，但加太多恐有刺激肌肤的疑虑；棕榈油就像小孩的角色，平衡皂体结构，不因某种油脂过量而产生问题。

氢氧化钠（NaOH）

常见的氢氧化钠分为工业用的片碱（纯度约 98%）与制药用的粒碱（纯度约 99.8%）两种，现在工业用片碱已经不好购买了。

使用片碱的优点包括：❶ 做出来的香皂品质温和，对人体私密处或敏感处不会造成刺激感。❷ 成本便宜。❸ 与粒碱相比，它和水的反应不太剧烈，操作过程比较安全，溶碱过程的温度变化也不激烈，不会产生很多的白烟与气体。缺点是：当配方的软油含量多于硬油（例如 7∶3 或 6∶4）时，皂酸败得比较快，保存期通常不超过一年。因为片碱的纯度没有那么高，故无法达到完全的皂化，这也会导致皂的酸败现象。

相对地，粒碱的优点包括：❶ 纯度高，做出来的香皂品质比较好。❷ 皂的保存期比较长。缺点是：❶ 比较刺激，皂的熟成时间会比较长，比用片碱做的皂多大约 10 天的熟成期。❷ 价格偏高。

氢氧化钠在我的生命中，曾经有一段刻骨铭心的故事。多年前我受邀去中和的清洁大队上课，传授如何将废油制作成手工皂。

当时课堂上使用的材料便是工业用片碱，清洁大队拿出来的废油出乎意料的清澈无味，还有一大袋用塑胶袋包装的片碱，我便教他们以过碱[注1]的方式来做皂。

根据清洁大队提供的信息，我去找他们买材料的地方，后来找到了一间没有招牌的店，只看到门口停了一台豪华宾士大轿车，一位不起眼的老妇人问我要什么，我一边环顾四周一边说我想购买氢氧化钠（周围并没有看到任何氢氧化钠）。老妇人回答：

"有卖啊，你要买多少？"

店里的卖法可以零散称重，也有一大袋 25 千克整装的。价格非常便宜，便宜到我开口只买 2 包会觉得有点害羞，但我的摩托车载两包已经是极限了。那一次交易以后，我又来来回回很多次，骑车去中和采购片碱，用完即买，消耗得很快。等我开店之后终于有了车，直接开车去买可以载更多，买回来放在店里就像在卖米一样，一袋一袋往上叠。

分装氢氧化钠是一件非常危险的事，我在没有戴手套和使用其他保护措施的情况下分装了好几年，现在回想起来，还真替当时年少轻狂的自己捏一把冷汗。

就在某一个星期六的中午，真的出事了。我当时准备把大包氢氧化钠从高处抱到地上以进行分装，结果施力不对，只听到脊椎像被折断的声音，接着整个人倒在地上，被 25 千克的氢氧化钠压在身上。

可怕的是，倒下后我全身动不了，只剩下头和手可以稍微动一下，幸好那个年代手机是挂在身边的，于是我拿起手机打电话向女友求救。当时是炎热的夏日，根本来不及开电风扇就发生意外，女友赶到现场，看到我倒卧在一摊汗水中被吓坏了，她赶紧把压在我身上的氢氧化钠推开想把我扶起，但我根本无法坐起来，只感觉到剧烈的疼痛。

我请女友去买止痛药，吞了很多颗。心急如焚的女友想打电话叫救护车但一再被我阻止，因为我觉得只是闪到腰，应该过一阵子就好了吧？结果就这样坚持了快 6 小时，后来我意识到自己大意了，剧痛没有减缓，身体仍然无法动弹，只好不情愿地上了救护车。

把我抬上担架的两个帅哥还安慰我，说这样的职业伤害他们见多了，去医院打两针就没事了。的确在打完针后我的疼痛感消失，身体软绵绵的还昏睡了一阵，但清醒后仍无法起身，一直到第二天还不能动。那是我人生第一次坐轮椅，脑袋中开始产生可怕的想法，会不会从此都不能动了？医生第一天说打两针就好，但我已不知被打了几针仍未见好转，当时懊恼到开始不信任医生。第三天医生让我去拍核磁共振，想找出问题出在哪里，我躺在冰冷的仪器上不停地胡思乱想，不知道接下来的人生该怎么办。

后来，拿着检查报告的医生神色凝重地要我认真老实回答他的问题，这关系到我接下来 6 个月是否要进行康复治疗。我那时有一种等着被宣判死刑的感觉，他用槌子敲我的脚，要我告诉他被敲的部位感觉是酸还是麻。我很忐忑地回答，感觉是酸，并非麻。

只见医生大喊："恭喜你，答对了！"吓了我一大跳。追根究底，因为做了自身肌耐力无法承受之事，超出了身体的负荷于是造成肌肉损伤，只能说幸好没有压到神经。但也因为这件事，我的身体疼痛从此每年都会发作几次且必须穿铁衣，尤其到了冬天，站太久或使力不对，都会很容易闪到腰。

出院后，我请女友马上去订飞往巴黎的机票，从那一刻开始我的人生观改变了，如果赚那么多钱却无法在身心健康时去享受人生，又有何意义？我们还定下了目标，每年必定去向往的地方旅行，开开眼界同时体验不同风俗民情，一直到现在。这也让我更懂得珍惜生命。

在我发生意外之后，再也没有去买 25 千克整装的片碱，而是改买小罐分装好的粒碱以避免二次伤害。我现在觉得使用粒碱来做皂比较好，因为它是被分装好的，并因纯度高而让做出来的皂品质比较

稳定。

我个人不认为使用片碱或粒碱做出来的手工皂会有很大的差异，但我始终相信选择一个纯度高的东西，相对变数会比较少——这就是我的做皂哲学。

使用氢氧化钠的注意事项

1. 氢氧化钠属强碱，具腐蚀性。请保存于阴凉处，远离光源与火源。
2. 瓶盖保持紧闭，并收放在幼童与宠物无法碰触的地方。
3. 溶碱务必使用冰水或冷水，切忌使用温水、热水。
4. 务必在通风处溶碱，并穿戴护目镜、口罩、手套与围裙，做好防护措施。
5. 操作过程中如不慎接触皮肤，立即以大量冷水清洗，并视情况就医。

水

(一)水的选择

水在手工皂的制作过程里属于单纯的原料，因为氢氧化钠不溶于油，所以经过油脂皂化价的精算而得到的碱不代表可以直接丢进油里，而是需要先将它溶于水。因此，水的主要作用是负责把固态的氢氧化钠溶解成液态的碱水，以进行与油脂的结合。

在手工皂完全熟成之后，水存在于皂体之中的量相对稀少，因此我们可以说水的选择是制皂的过程而非结果。反而是水量的选择影响较大，它可以影响到制皂的过程与结果，后面会有更多的说明。

我们可以将水分为两种：硬水与软水。自然界的水中含有许多物质，特别是碳酸钙与碳酸镁，它们在水中的含量较多，这样的水即称为硬水，含量较少的便称为软水。

如何界定软水与硬水？根据世界卫生组织（WHO）的标准，当碳酸钙、碳酸镁含量在 0 ~ 60 毫克/升[注2]为软水，当碳酸钙、碳酸镁含量在 120 ~ 180 毫克/升则为硬水。如果你问我，制作手工皂是用硬水好，还是软水好？我个人偏向使用软水，原因在于水中杂质的含量愈少，在制皂的过程中相对愈能达到纯粹与精准。

我并非指硬水不能做皂，而是觉得物质愈单纯，变数相对愈小。我们可以把多余的时间花在研究其他的物质上，而非是去钻研水。

因此，我会简化做皂的基本结构，界定好一个标准之后，从此不必再回头烦恼水的选择。（就如同我们到异国去自助旅行，变数最小的就是钱，宁可多带也不要少带，以应对不时之需。最应该考虑的是时间，它的变数最大。）

在生活中如何取得软水？第一个建议是直接购买蒸馏水（纯水），价格便宜且容易取得，如果做皂有剩余的话（通常都会剩很多），还可以拿来饮用或烹调，一举两得。第二个建议是使用自来水。从台湾环保部门饮用水水质监测资讯网提供的统计资料中发现，台湾的自来水五年水质检验平均合格率高达 99.94% 以上，因此，用自来水做皂并不会有太大的问题。

值得注意的是，台湾地区自来水的水源分布，硬度也不尽相同。例如高雄为 136 ~ 225 毫克/升（硬水 ~ 超硬水），台北约为 45 毫克/升（软水）。因此，台湾南部地区做皂可以考虑使用蒸馏水，北部地区则可以使用自来水。

(二)水量的选择

在水量选择前必须先知道，水的多与少对于做皂有何优缺点。我们先假设 2 倍碱以上的水量为多，2 倍以下的水量为少。

做皂水量多的优点

无论是钻研配方或考虑其他因素，必须先了解此举有什么优点，再从优点的角度来切入。第一个优点便是水多，皂的量就多。

以做皂总油量 1 000 克为例，如果水量设定为碱的 3 倍，碱假设为 150 克，水量即为 450 克，得总产出（油 1 000 克＋碱 150 克＋水 450 克）共 1 600 克皂液量；以此量为切皂的标准，扣除切歪的风险与熟成期间可能会挥发掉的水分 10%，大概可以切出 15 块手工皂。

反之，若水量少，例如 1 倍的水量，碱假设为 150 克，得总产出（油 1 000 克＋碱 150 克＋水 150 克）共 1 300 克皂液量。如此看来，一模一样的总油量但选择水多即可以多产出 2 块皂。这似乎比较符合经济效益，也比较适合商业行为。（本例较极端！）

第二个优点是做皂的水量多，相对的碱性弱，成皂后较滋润，对肌肤来说也较温和。我们可以用配方一样但水量不一样的皂来进行实验。在标准的晾皂环境中，以 30 天熟成之后接着进行洗手测试，可以明显感受到两块皂的差异性，一个比较滋润，另一个则比较干涩。明明配方是一样的，但水量少的手工皂在熟成的天数上可能要再增加 10 ~ 20 天为宜。

做皂水量多的缺点

我们接着来探讨，做皂水量多的缺点。第一个缺点是水量多，碱性相对弱，对油脂的反应也弱。

简单来说，就是水多打皂时间长，可能会需要打很久。以马赛皂为例（软油 70% 以上）。如果是使用 1.5 倍的标准水量，一般制作时间为 3 ~ 4 小时；但如果水量增加为 2.5 倍，制作时间可能会拉长到 6 ~ 8 小时，这效率实在太低！

但如果应用在硬油较多的手工皂上（硬油 60% 以上），则有其好处。硬油多的皂本来就比较好打，时间上大约 1 小时即可完成，如果水量多，打皂的时间也不至于增加得太离谱，最多增加 0.5 ~ 1 小时，都在可容许的范围内，并且还可以多得到 1 ~ 2 块皂，实属双赢。但不幸的是，大部分的手工皂都是强调滋润度，采用较多硬油制作的手工皂并不是主打产品。

手工皂熟成时间轴

第 1 天　　　第 2 天　　　　　　　　　　　　　第 30 天

24 小时

保温期

强碱 pH 值 11 ~ 12　→　弱碱 pH 值 8 ~ 9

1. 脱模　　2. 切皂　　3. 晾皂　　4. 待至熟成期

＊手工皂是否可以使用，最终必须以 pH 试纸做测试；pH 值以 8 ~ 9 为宜。

第二个缺点则是水多碱性弱，而碱性弱的手工皂容易酸败。如果软油占 60% 以上，加上环境平均温度在 30℃ 左右，恐怕皂的保存期最多三个月甚至更短。当然，如果硬油占 60% 以上，或许保存时间可以长一点，但终究不超过半年。

做皂水量少的优点

第一个优点是水少碱液浓度高，皂体本身的结构相当坚硬与厚实，而且保存期限大多可以撑过一年。但要注意皂的表面有无"白粉"增生，如果有的话，该配方的水量可能需再调高 0.5 倍以上。总而言之，水少非常适用于一些容易酸败的皂，或者需要制作大量库存的皂时。

第二个优点是水少碱液浓度高，浓度高对油脂会产生强烈的刺激，做皂时间可相对缩短，适用于软油超过 70% 的皂。曾有学生跟我反映，打皂的时间很长，而且纯手打又很累，是不是可以改用电动搅拌器。当你了解上述所讲的道理，时间的快慢自然不成问题。而且我教的是手工皂，任何借助插电的工具的都不能称为"手工"，至少这是我的信念。

会不会做皂跟工具完全无关，全凭你长久经验累积下来的智慧和一颗职人的心。就好比字写得丑即便拿出价值一万元的高级笔来书写，字迹也应该不会瞬间变美吧！

做皂水量少的缺点

水少的第一个缺点，让我们来一个极端一点的假设，如果水少于 1 倍，通常氢氧化钠不容易溶解并会出现白浊浮游的现象，这时碱性浓度非常高，在这样的状况下直接倒入锅中与油脂结合，透明的油脂遇到高浓度的碱液会瞬间反白，这表示油脂正被强碱高度破坏中。换言之，植物油的珍贵养分也一并被破坏掉了。

当然，我们也可以用别的方法去化解，也就是使用"精粹法"。将比较昂贵的特殊油脂另外放置，不要与其他的"粗油"（椰子油、棕榈油等）混合在一起。先将高浓度的碱液与粗油简单进行混合后，它会快速反白而变稠，此时再依序将昂贵的特殊油陆续倒入，我相信此种做法多多少少可以避免油脂养分被打折扣。

当然，这自创的理论常受到挑战与质疑，其实解惑的方法非常简单，就是配方一样的皂分别用两锅下去做，一锅按照正常程序，另一锅则使用精粹法。等皂熟成之后，各切一块给家人使用，在不知配方一样的情况下，询问哪一块皂比较好洗，这时答案便揭晓了。

不要相信一个有很多年"做皂"经验的人，但你可以相信一个"卖皂与教学"有很多年经验的人。做皂经验丰富，那是你个人的事，代表不了什么，也影响不了任何人，只能陶醉在自己的小小花园里。因为你不是把做皂当作生命或事业来经营，无法接受外界的批评与挑战。

要知道，把做手工皂当职业可是困难重重，不论是消费者还是学生，有太多天马行空的问题与要求需要你去回答与满足。我就是这样走了 13 年，并且还在进行中。

或许读者会觉得上述内容有点情绪化，也太主观了，但我想强调的是在自己的书里如果不能讲真话，那这本书就失去了灵魂。相信坊间有许多关于手工皂的书籍会写出读者或市场想听的话，就连书的定价也是迎合市场所期待的价钱。很庆幸的是，这本书不同，这是一本直言不讳的书。

水少的第二个缺点是洗感，洗在肌肤上不能马上获得舒适、滋润的感觉，通常必须在洗完擦干后 1 ～

2 分钟，等自身油脂分泌后才可以体验到。

这也是我教学时常常告诫学生的，洗的时候无法靠泡沫多寡或乳霜般质地的泡沫来验证是否为好皂。所以在浓度高的碱液下或改成水少的皂，我个人觉得洗感上很容易在私密处造成刺激现象，当然敏感性肌肤会特别容易感受到。所以，建议使用水量低于 1.5 倍之下的皂，其熟成日可拉到 40 天或 50 天，通常能获得较佳的洗感！

下页图表，可以用来简述水量的选择，我们可以依据软油、硬油的比例去设计需要的水量。软油比重愈多的皂，所需的水量愈少愈好；反之，硬油多的水量可以调高一些。例如 7：3 的马赛皂可以配合 1.5 倍的水量去操作。当然若你不赶时间，2 倍水也无妨。

接下来，我们还可以依据季节来决定水量，不过现在因全球气候异常，依据实际温度来判断也比较客观。当夏天温度高达 35℃ 以上（这在台湾很常见），我建议水量不妨多一点。主要原因是皂熟成需要 30 天的时间，这跟晾衣服的原理有点相通，夏季太阳光强、水分挥发快，因此水使用多的手工皂的量不仅变多并且水分挥发快，可以得到高品质的皂。反之，春季、冬季气温低又常下雨，湿度也较夏天高，衣服晾了一两天都不会干，手工皂也是如此，建议

水量少一些更易得到预期品质的皂 。

总而言之，水量没有绝对性，有一部分原因也可能出于原材料。例如你所使用的是 EVO（extra virgin olive，特级初榨橄榄油），最好先打一锅观察它的性质是属于快 trace 还是慢 trace（请参考 P.267）。通常油脂浓度高，水量也要跟着调高。而油脂浓度低的，例如 PURE（纯质）等级的橄榄油，水量则要跟着下降。

再举个例子，精制的乳油木果脂很容易吸水，水量建议往 2.5 倍前进，反之未精制的乳油木果脂水量相对要降低，免得成皂后皂体结构过软。这就是一样的原料，但水量却不一致的状况。

读到这里，或许你已经有个概念，水量的选择最终来自经验法则，没有绝对性的规则。因此，建议初学者做皂可以先将水量设计在 2 倍，以它为基准点，不考虑配方与季节因素做一次。如果成皂后对于皂体的结构你是满意的，表示此配方的水量是适合的；如果皂体过软，指头一按就像黏土般凹陷进去，就是水量过多，建议向下调至 1.5 倍，再做一次看情况有无改善，若没有则再继续向下微调，一直到满意为止。

注 1 |
所谓过碱，即在未知油品皂化价的情况下，可参考橄榄油的皂化价，再额外加上 10% ~ 20% 的碱，以计算氢氧化钠需要的量。

注 2 |
1 毫克 / 升 = 1 毫克碳酸钙 / 升

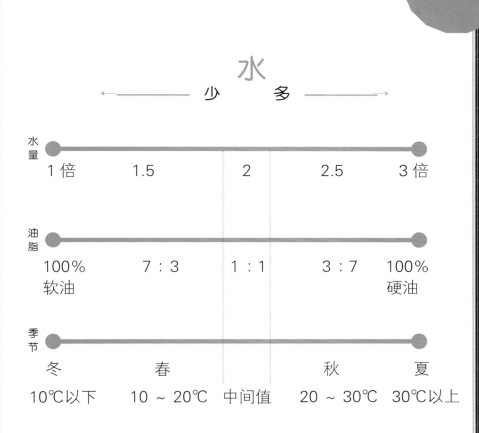

水

←———— 少　多 ————→

水量	1 倍	1.5	2	2.5	3 倍
油脂	100% 软油	7 : 3	1 : 1	3 : 7	100% 硬油
季节	冬	春	中间值	秋	夏
	10℃以下	10 ～ 20℃		20 ～ 30℃	30℃以上

在手工皂的教学世界里，

总有可能被要求很高的学生质疑，

如果不使出真本事，对方以后就不会认同，

在这样互相切磋打磨之下，

才能提供更好的教学品质。

During my profession of teaching handmade soap,

oftentimes I found myself

being challenged by demanding students,

with questions of all sorts.

If I chose not to reveal my proficiency,

then their recognition ends there.

It was through these exchanging views and interactions,

that I could continuously provide

an improving quality of teaching.

手工皂的添加物

植物粉与香料等

添加物在手工皂的世界里，扮演着灵魂般的角色，我们常称的香皂如果没有香料的加入，那它不过是个"皂"。所以添加物的量在手工皂中最多不过10%，但却最终决定了手工皂90%的命运。

可以加在手工皂里的添加物实在太多了，凡是吃的食品、涂在身上的保养品或闻起来令人愉悦的精油或香精，这些都是。我很难将其简化处理，每一个大项都需要一个大章节来介绍，所以在此篇先说明分类与添加比例上的注意事项，希望读者能循序渐进地去了解。

常见的添加物分类

固态	粉类	植物粉、中药粉、矿物粉、食品类粉、去角质类粉
	生鲜蔬果类	不易酸败与氧化的蔬果
液态	香料类	精油、香精

（一）固态添加物：粉类

固态的粉类大致上可以再细分为以下几种类别：

❶ 植物粉 → 例如：薰衣草粉。

❷ 中药粉 → 例如：玉容散。

❸ 矿物粉 → 例如：绿石泥。

❹ 食品类粉 → 例如：奶粉或面粉。

❺ 去角质类粉 → 例如：杏桃核颗粒、麦片、生米。

粉类的部分，这里不细究它对肌肤有何功效，纯粹探讨它对皂体结构有何影响。粉类可增加皂体硬度与扎实度，另外还可以帮助香皂上色，例如可可粉能将皂体变成巧克力色。但一般添加物的量尽量不超过5%，加太多可能会使皂体"胀破"。

粉类又可分为可食用与不可食用两大类。可食用的粉如面粉或中药粉，因分子小可直接食用，颗粒亦可溶于水，如果粉类受潮结成块状，仍然可以直接加入皂液里拌匀进行调色或溶解；不可食用的粉如澳洲红矿土、死海矿泥等，是泥土干燥后形成的粉末物质，不管它的颗粒有多细致，都必须调于温水使之溶解后才可以倒入皂液里，避免有颗粒打不散的可能性。

至于粉类的应用，我有以下几种建议：

❶ 植物粉：研磨得很细的几乎已看不出其原本的形态，例如薰衣草籽本应该是一颗一颗的，但薰衣草粉的功能主要是增加皂体的硬度，如果是颗粒状态则以装饰性功能居多。

❷ 中药粉：既然是药，那一定是偏于疗效上的运用。例如白芷粉原来是拿来制作面膜，期待有美白的功效，若是加入皂中，既可增加皂的硬度又有美肤功能。

❸ 矿物粉与 ❹ 食品类粉：以澳洲红石泥为例，原本是加水调成泥状敷在身体上有深层清洁的功用，但其抗碱性很强且定色又不错，常被用于手工皂调色，有增加硬度与改变颜色的作用。顺便一提，并非所有有颜色的粉类物质都可如此使用。尤其以食品类粉变数最大，以日式抹茶粉为例，我们一般以为皂会呈现古朴的绿色，但入模后会因不耐碱性而转变成咖啡色。所以，有颜色的粉类物质，在进行调色前要先行测试。

❺ 去角质类粉：这类粉不能调色也无法增加皂的硬度。但因本身颗粒的粗细大小会对肌肤产生磨砂的效果，让洗澡又多了一种乐趣与功能。常见的有杏桃核颗粒，这几乎是各大化妆品销售的磨砂膏的必要原料，去角质的效果相当显著，但要尽量避免使用在脸上，以免误入眼睛。其他还有众多去角质的素材存在于生活中，像吃水果剩下来的籽，晒干后皆可利用。如西瓜籽、苹果籽等，包括生米也可研磨到一定细度入皂，还有咖啡渣、燕麦片等，等着你去发现它、赋予它新的用途与新的生命。

（二）固态添加物：生鲜蔬果类

固态添加物的第二类是生鲜蔬果类。我会做如此分类，主要是因为早期创业卖皂时常在百货公司看各品牌的手工皂顺便找灵感。我记得是在松山区京华城百货里的一家"菠丹妮"橱窗上，有一台大电视播放着制皂的宣传片，我想现在在网上应该还找得到。

我亲眼看到工作人员将完整的水蜜桃一颗颗倒入皂基中，随后入模，这给我非常大的震撼。回家后兴冲冲地如法炮制，当然是没有成功！菠丹妮大概是全球唯一有办法将完整水果入皂的品牌。后来又过了几年，我在文化大学推广部从事教职时遇到了菠丹妮的台湾代理商，他们派人来学手工皂，又加深了我对该品牌的印象，进而有机会到捷克6家菠丹妮门市去参观。

捷克这个国家在商品销售与服务态度上不是那么主动与亲切，一般店员都是冷冷的，有需要时她们才会回应，大多时间都不太理顾客，就算我们有该公司派的高层长官陪同也一样。

在布拉格的菠丹妮旗舰店里我待了一整天，主要是了解它们的品项有哪些，热销品又有哪些，顺便看看来自全球各地的观光客疯狂采购它们家商品的壮观景象，整家店几乎塞满了人。就在我觉得拥挤的时候，店经理还很自豪地告诉我："小石老师，今天是非假日又遇到下大雨，人才会比较少，不然你可能连坐的地方都没有！"

我仔细地在店里研究了半天，真的无法得知水果入皂的秘密，在无奈的情况下加上收银机不断发出金钱的响声，我决定把菠丹妮店里看得见的植物花草画作，全部买下来。我的想法是，它们家是卖皂的，我是做皂的，我怎么会买它的皂？但又因在捷克受到人家的款待，总不能不买些东西吧！所以我买了画。

这时，该他们经理错愕了，他说："小石老师，你是我们开店百年来第一次买画的客人，而且是一次买光所有的画作。"我也不知道这是笨还是呆，自认为可以从画作上找到什么秘密，当然到现在还是没有悟出……总之菠丹妮有它的做法，我也有自己的玩法。

我确认蔬果入皂确实有市场性，所以进行了研究。排除了易酸败、氧化快的种类，剩下的几乎都可以入皂。我上课最喜欢将小黄瓜切碎后入皂，它的果皮碎成小绿点，看了实在很解压。我也常将西瓜皮、火龙果或其他不喜欢吃的水果入皂，总比丢掉来得好。但水果入皂有个前提是必须加入具抗氧化功能的油脂，以确保不变质，这个日后再聊。

（三）液态添加物：香料类

香皂的香气来自香料，而香料又可分为两种：精油与香精。这个主题篇幅相对大了一些，所以这里先谈重点，比较深的部分，在后面会另辟专门的主题来聊。

不论加入香精或精油，比例最好控制在 5% 以内。如果使用的全部是精油，比例可以提高到 8% ~ 10%，但必须注意成本。香精大多会因为内含醇类导致手工皂加速皂化，进而产生来不及入模的情况。建议购买时问一下店家此香精有无特别加速皂化等问题，或可自己实验，先倒约 1% 的量入皂液里，如果皂液颜色变深且有浓稠情况产生，请尽快入模。

精油的特性

精油（essential oil，简称 EO）是指单一植物萃取不同部位所得之精华油。以下图表是我最喜欢举的例子，可以解释单一植物的不同部位可萃取 3 种不同的精油。

柳橙树	萃取部位	萃取工法	调性
甜橙 EO	果皮	压榨	前调
橙花 EO	花朵	蒸馏	中调
苦橙 EO	枝叶	蒸馏	后调

精油萃取的方式，有常见的蒸馏法（distillation），几乎 80% 的草本植物应用此工法；另外还有压榨法（expression），主要应用于柑橘类水果上；溶剂萃取法（solvent Extraction），主要应用于树脂类，例如乳香、没药等；最后，则是最神秘的脂吸法（enfleurage），主要应用于产出精油量少的花朵，例如茉莉、金盏花等。

因取自自然界中的花草植物，精油的香气相对于人工香精更令人愉悦，也广受市场的好评。除了天然、迷人的香气外，最重要的是精油有所谓的疗愈效果，自古以来，在西方世界一直都是家庭医生的常备药品，像电影《潘神的迷宫》里，有一幕看病的场景，家庭医生拿出一个皮箱，里面就装备了各式各样的药用精油。

我并非芳疗专家，无法负责任地举出精油入皂后会有什么具体的疗效或临床数据，而且加了精油的皂洗在身上被水冲洗后，残存在肌肤的香气更是少得可怜，更别谈它带来的疗效。但从感性层面来看，我们活在这步调快速又忙碌的社会里，白天付出了智力与劳力，下班后使用薰衣草精油制成的手工皂，打开热水让整个浴室充满浓浓的水蒸气，嗅着如普罗旺斯薰衣草田般的气息，我相信对于洗涤一身的疲惫多少有些帮助吧！

再来浅谈精油入皂的缺点。第一个缺点就是精油挥发很快，简而言之就是定香性不足。纯度愈高的精油挥发速度愈快，连同精油本身的颜色也会一并消失。所以，如果期待它平安度过漫长的 30 天熟成期，做皂时最好一开始加入的量就大于 5%。当然，我在这里所指的花草类（中调）与水果类（前调）精油的定香力都不高。

第二个缺点在于价格或成本高。精油较人工香精的成本相对要高，如果如上述所言，每款皂都加入大于 5% 的精油，皂的成本相对会变高，售价也必须提高，在市场上的竞争力就会受影响，不利于制造者。当然若是自己使用的话，就不在此限。

建议初学者刚开始做皂时，挑选平价精油来实验。例如香茅、薄荷、茶树、薰衣草类，毕竟未来的路还很长。

香精的特性

台湾的香皂原料公司，每一家都有其强项。有的基础油品质好，有的精油价格合理，也有大包大揽的公司，切皂器、硅胶膜等做皂周边产品皆有销售，但从来就没有一家只是销售香精的专业公司。

当然，我也曾有个念头，不如来开一家这样的专卖店吧！但经过许多年后我才了解到，可能还要假以时日，香精才能慢慢被市场接受。

香精仍不被广泛接受的原因很简单，出自于对人工或化学的不信任，仿佛只要商品冠上天然、有机、纯净等字眼，在消费者的世界就突然多了一盏明灯，而冠上了化学、人工等字眼，世界就会被黑暗统治一般。

在消费者的心中，化学或人工的字眼往往会转变为"不好"的代名词，所以我们几乎没有看过冠上"化学"二字的任何商品。

所以，有加入香精（synthetic fragrance）的香皂，在商品描述上便会变成"香精油"或"香氛"等模棱两可的文字。我想表达的是，物质本身并没有好与坏的差别，只有用量过多所产生的负面影响，主打天然的精油用量比例不对，也会对肌肤造成不良的影响。

香精是使用人工方式，去模拟自然与非自然界所有的味道。例如，橄榄本身并无明显的香气存在，它只有油脂本身加热后所出现的青草味、果实味，或在味觉上的苦味与辣味。但在各大品牌中，或多或少都有橄榄系列的相关商品，例如橄榄乳霜、橄榄香皂等。它的味道是香的，那是人工调和出来的，是最符合大众对于橄榄的期待与可接受的味道。

我也可以再举一个例子，乳油木果脂近年来很红，仔细闻，精制乳油木果脂是完全没有味道的，加热后也是如此。但市售的乳油木果脂护肤产品，都会有温暖且宜人的香味，这也是香精调和出来的。也就是说，香精赋予了该物质新的生命与新的嗅觉体验。

爱马仕首席调香师曾经说过："香精使香水变得更好了。"原因是自然界有太多物质的味道并不突出，目前已知可提炼出香味的精油不超过 70 种，有办法量产的精油种类更不到一半（我指的是平凡人买得起的精油，玫瑰、茉莉就不在这一半之内）。人工香精相对补足了精油所不足的条件（价格与种类的多样性）。

市场对于人工香精不信任的原因，大概来自于前几年发生的食品安全事件，所以需要说明一下，人工香精可分为两大类：食品级与化妆品级。

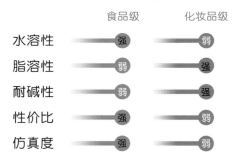

食品级香精主要是针对食品类加工而使用的，它大部分属于水溶性，并不适合用于手工皂（味道出不来，要加入很大的量才行）。这类香精因为不受酸性或碱性条件的限制，再加上大部分原料来自于食物本身的萃取（如咖啡香精便是取自于咖啡豆），所以仿真度大都胜于化妆品级香精，价格上也比化妆品级香精来得平价。

化妆品级香精运用的范围非常广。凡外用的化妆保养品、洗涤用品，甚至居家香氛产品都有它的成分。因为用途广所以限制相对多，为了配合不同的商品性质，有些必须耐酸性，有些必须耐碱性，也有些必须耐高温等，厂商必须控制得宜。这些约束也会造成在仿真度与价格上的限制较食品级香精来得高。

如果是内服的话，消费者的担忧我当然也认同，但如果是外用的话大可放心，全世界有能力制造出品质优良的香精的公司不超过五家[注1]。这些公司都超过百年以上，自然有一定的商誉，他们的商品遍布在消费者生活中，例如多芬、丽仕、欧舒丹等品牌。

我觉得人们对于事物的恐惧因不了解而产生，所以我们必须勇于追求真相，探索未知，而非人云亦云。

注1 |
香精公司 Argeville、 Firmenich 等。

我在写这一小节时，刚结束了在文化大学推广部所办的十周年师生手工皂特展。这次我做了许多香水，想看看市场的接受度如何。相较前几年，明显变好了。

我虽然制的是皂、卖的是皂，但使用它们的对象依旧是人。

客户会因为联系而长久，

我的工作完全仰赖客户需求。

不是皂做得好就有人买，

是有人买，我才有机会去做手工皂

The soaps I make and sell are the object,
but the people who use them are the subject.
Customers can be long-lasting through various relations,
while my work fully depends on their demand.
Not that I make good soaps that urge people to buy,
but that my soaps being sold
and having found their way to people's hands
gives me the opportunity and inspiration to produce more.

手工皂量产的考量

季节与温度

对于只是小量做皂（10千克以下），或视做皂为心灵救赎的人来说，你想何时做皂都可以，所以此篇可以直接跳过，不必花时间在这里。本篇内容是针对想大量制皂且需库存大量手工皂的需求者所设计的。简单来说，此篇是适合商业行为的。

早期我在网络上卖皂时，因为资金与前景不明的因素不敢贸然制作太多。因为"库存等于负债"，所以每一款皂我的总油量多为1 000克，加上水与碱后总量大约为1 450克，扣除熟成中可能挥发掉10%的重量与后期切皂切歪的耗损，我可以得到约12块皂（以每块皂100克±5克来计）。

我会将一块皂给家人做洗感满意度测试，另一块不包膜放在通风处做耐久测试，以便日后追踪实际保存期限，剩下的10块便是销售用。随着时间的累积便能知道哪些皂卖得好、哪些皂反应不佳，进而增加销量好的皂的制作数量。

慢慢地，我从1 000克的制作量进阶到5 000克，实际制作后感觉没有太大的差异（我鼓励读者打1 000克不如打5 000克，30天后可以拿到5倍

之多的手工皂，且做皂法则不会有太大的改变）。

但是，进阶到一锅10千克时会发现，之前的做皂标准流程可能要调整了。若再进阶到一锅30千克，又会赫然发现过去所采用的流程完全不管用，必须针对30千克以上专门制定流程；相形之下打皂变得次要，反倒是前置作业占了很大的心神与时间。

例如，光是等碱水降温都有可能花掉半天的时间，而打皂到变浓稠却只需10～30分钟。这概念有点像是开车从乡镇进入市中心只要30分钟，但找停车位却花了1小时。

总而言之，油的总量会影响做皂的许多因素，我个人目前纯手打的最大量为100千克，所得到的经验更是出乎意料，这个日后有机会再谈。我想主张的是，并非能做大量的皂就比较威风，而是会制作大量的手工皂通常是职业级，靠此维持生计，量大成本就会变大，容不得一点闪失。

有能力做到零失误的职人，通常都走过一段艰辛与孤独的道路。你可曾在网站上或手工皂相关书籍

上，看过大量制皂的相关资讯？也就是说，能做到如此的量的职人都是摸索过来的，累积无数次失败的经验才成功的。

我从不认为做皂量大就比较厉害，能够把大量的皂在短期间内全部卖完，这种人才是真正的高手。"专家不过是训练有素的狗"，经历过训练后，我相信人人都能打皂，但不是人人都能卖皂，而卖真正的手打香皂更是难……

大量的制皂不能有失误，否则就是跟钱过不去，所以除了自身的专业技能外，就必须要考量其他外在的因素了。我直接讲，我只在冬天做皂。但如果温度低于 15℃，不管任何季节我都会做皂。

近年来我做皂的时间都会落在农历过年的初一到初十，这已经快变成一种迎新年的仪式了。我会在这10 天只做皂，10 天后再陆续脱模，进行切皂等相关的工作。

如果以一个工作日早上打 30 千克（保守估计约 390 块皂，每块皂 100 克 ±5 克），下午打 30 千克，10 天合起来打 600 千克，得皂 7 800 块。除以 12个月，等于每个月需卖出 650 块皂，再除以 1 个月30 天，平均每日需卖出 21 块皂（所以我才会说会卖皂的人比较厉害）。

在我没有特别订单的情况下，每年需要制作出如此的库存，以供这一整年有皂可卖。换言之，一整年我只需花费近一个月的时间做皂，之后让香皂慢慢熟成，剩下的 11 个月我可以继续教学工作与实施其他美好人生的各式计划。

这就像江湖上传说的"十年不开张，开张吃十年"。在此我真的强烈建议欲创业者，能够找到劳动时间密集但短暂、休息时间长的工作。人生不是只为了

每一批皂的产量计算：

油脂	30 000 克
氢氧化钠	4 500 克
+ 水（2 倍）	9 000 克

皂液量合计	43 500 克

得手工皂 = 435 块　（100 克 ±5 克）

扣除 10% 水分挥发 = 392 块 ≈ 390 块皂

10 天总产量计算：
390 块皂 × 2 批 × 10 天 = 7 800 块皂

工作而活，而是要快乐地活着去寻找自己喜欢且愿意为它付出一生的工作。

读者们要做多少量的皂由自己决定，我的做法是以"做大量皂的经验"来解释，确保不必要的风险产生，此考量因素或许对读者来说复杂点，也啰唆点，但对于你的未来是有帮助的。

选择过年或冬季做皂，几个私人理由必须先说明：一是过年期间我几乎不会接到任何电话，也不会有人来访，让我可以专心致志地去打皂。二是我会流手汗，尤其在夏天，使得我工作时非常不方便；而在冬天随着温度降低，手汗的现象减少，这让我工作起来非常有效率，得心应手，我很喜欢。

以上纯属私人因素。我在冬天制作出来的手工皂，经过耐久测试几乎都能完整度过春、夏、秋季，经受不同温度与湿度的考验，不酸败、不哈喇、不变质，这使我在储存手工皂上非常放心。（但我也只会写保存期限为一年。）

反之，一样的皂在夏天或其他时间制作（台湾的气候，大概有三季都属于30℃以上的夏季了）通常撑不过半年就会出现各种变质问题，我指的是含70%以上软油的皂。

我分析变质最大可能是在晾皂、熟成期间发生的。简而言之，冬天晾皂温度与湿度相对稳定，温度平均都在18℃左右，湿度约在40%，如同放在酒窖里般稳定，因此香皂不易变质。

反之，夏天平均温度都在30℃以上，偶尔来个午后雷阵雨温度可以下降10℃，但湿度会从60%一下子爬升到90%，晾皂不是只晾一天而是至少需要30天，那么这30天就会有30次不稳定的情况产生，所以我选择变数少的冬天做皂。

当然，冬天也有其他困难之处，包括每次都要将已形成固态的硬油熔化，或因为环境温度低而经常将油来回升温，这些倒是人为可控制的；但夏季多热潮湿的因素，则是我们很难改变的。

工具准备

安全防护

由于氢氧化钠遇水会产生热量，且具有腐蚀性，所以在制皂时最好能做好基础防护，让制皂更安心。

报纸

在桌面上放置报纸或者塑胶垫，可防止皂液喷溅造成桌面毁损。

口罩、护目镜、围裙、手套

制皂时须留意人身防护，口罩和护目镜可隔离调和碱水时产生的气体，为了衣服和双手，围裙和手套更是不能少。

测量工具

制皂是一种化学作用的过程，配方要精准，温度也需要准确控制，这是制皂成功的第一步。

电子秤

精准的电子秤可称量出正确的配方数值，减少失败率。最好是以克为单位，可称量1 ~ 5 000克的电子秤最适合。

温度计

准备1 ~ 2支温度计分别测量碱水与油脂的温度，因油脂加热温度不会太高，所以100℃的温度计就够了。

量杯

可准备500 ~ 1 000毫升的附尖嘴、耐酸碱的量杯2个，分别用来测量油与调和碱。此外，还需要有刻度的小量杯1个，以测量添加的精油或特殊油。

保温工具

为了让手工皂的皂化过程稳定，一般会通过简单的保温操作，让碱液的作用发挥得更充分，降低制皂的失败率。

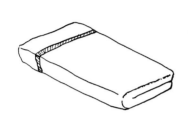 

毛巾与保温袋

可以选择不用的毛巾和保丽龙（泡沫塑料）盒作为保温工具，一时无法取得保丽龙盒，也可以直接用市售保温袋。

混合工具

混合碱液和油脂的工具，不仅要注意材质，而且要与食器分开放置，以免误用。

搅拌盆与不锈钢锅

混合油脂与碱水时，可以选择开口较大、锅底无直角边缘的不锈钢锅或是玻璃盆，以利于倒油搅拌、刮净皂液等。

打蛋器

选用不锈钢材质的打蛋器，以免腐蚀。

刮刀

较有弹性的刮刀可迅速将残留锅底的皂液刮干净。另外，刮刀也可以作为搅拌及制作渲染效果的工具。

整形工具

皂液搅拌完成后，可因入模的器具和切割的方式而有不同的呈现，可依需求选择合适的工具增添乐趣。

牛奶盒

脱模时可直接撕除，较方便、环保。但需特别注意入模后的保温操作。

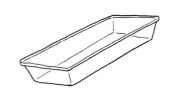

塑胶盒

对于经常做皂的人来说，牛奶盒的消耗量很大，可以选购能重复使用的塑胶盒。缺点是不易脱模，可先冷冻一天再脱模，这样会比较顺利。

硅胶膜

保温效果好、脱模容易，且有多种造型可以选择。缺点是较为昂贵。

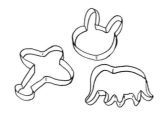

市售模具

市售的切花、饼干模具也可以作为手工皂塑形之用。只要将手工皂切至约和模具等高的厚度，就能轻松压出各种形状。

砧板、菜刀、波浪刀

刀面较大的不锈钢刀会比较好切皂，一般来说只要拿得顺手就是好刀，但请记得切皂用刀要与料理用刀分开摆放，以确保安全。此外，也可选购一把波浪刀，轻松就能变化手工皂的造型。切皂时可以在砧板表面放置厨房纸巾防止皂体滑动，便于切皂。

制皂步骤

制作碱水

1

先测量水，再测量氢氧化钠。

2

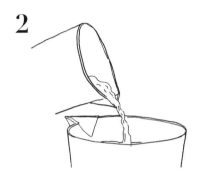

在通风处将氢氧化钠缓缓倒入水中。

3

轻轻搅拌至溶化。

测量油脂

4

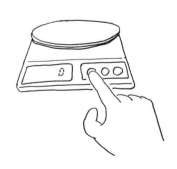

将电子秤归零。

5

依序把材料中的油脂分别测量好。

6

将油脂一起倒入搅拌盆中。

若氢氧化钠溶液尚未降温至 50℃，可取浅水盘装水，让氢氧化钠溶液隔水降温。

使油脂和碱水温度一致

7

将搅拌盆中的油脂先升温至50℃，一边升温一边搅拌。盆中不能有水，以免产生油爆。

8

确认油脂与碱水的温度均为50℃。

混合油脂与碱水

9

将氢氧化钠溶液倒入与其温度一致的油脂中。

10

用打蛋器不间断地搅拌10分钟。

11

搅拌至皂液反白乳化。

12

休息 5 分钟，观察皂液上层是否还看得到透明分层的油脂。

13

若有分层，再持续搅拌 10 分钟，并观察是否完全融合，直至看不见分层为止。

14

待皂液呈现无油水分离后，再加入精油，搅拌至均匀混合。

入模保温

15

将皂液倒入模具中。

16

用刮刀将剩余皂液刮入模具。

17

前后摇晃模具，排出多余空气，使表面平整，将模具封好。

18

在模具外面包覆毛巾。

19

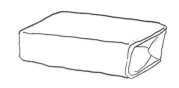

放入保温袋，保温 24 小时。

脱膜、切皂、晾皂

20

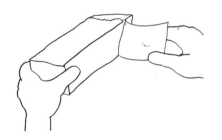

24 小时之后，直接撕开牛奶盒模具，取出手工皂。

21

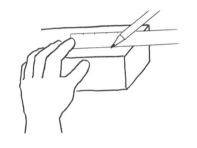

将手工皂标记好间距线条。

22

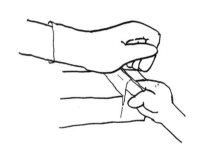

一一切割。

23

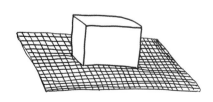

切割好的手工皂需置于阴凉通风处约 1 个月，待手工皂完全皂化、碱性下降后，即可使用。

本书的配方应用公式

（以马赛皂配方为计算范例，请参考 P.134）

油品	百分比	油的克数	皂化价(SAP)	NaOH克数		INS 值	合计
❶	❷	❸	❹	❺		❼	❽
橄榄油	72%	720 克	0.134	96.5 克		109	78.5
椰子油	18%	180 克	0.190	34.2 克		258	46.4
棕榈油	10%	100 克	0.141	14.1 克		145	14.5
总量	100%	1000 克		总和 145 克，再乘上设定的水的倍数 1=145 克（水）❻			139

❶ 请将配方中所需油脂分别填入油品栏中。

❷ 依据书中配方设定的百分比分别填入栏中。

❸ 以总油量分别计算出所需的各式油脂的克数。

❹ 分别填入各式油脂所属的皂化价（请参考 P.30 ~ 31）。

❺ 该油的克数乘上该油所属的皂化价，即可得到该油所需的 NaOH 克数值。将配方中所有油脂所需的碱量相加，便可得到此款皂实际所需的碱量。

以马赛皂配方为例，先算出 NaOH 克数：
720 克 × 0.134 ≈ 96.5 克（NaOH 克数）
椰子油 180 克 × 0.190 = 34.2 克（NaOH 克数）
棕榈油 100 克 × 0.141 = 14.1 克（NaOH 克数）

将所有油脂所需的碱量相加，得出所需的碱量：
96.5 克 + 34.2 克 + 14.1 克 = 144.8 克（进位）
≈ 145 克

❻ 将计算后得到的实际所需的碱量乘上配方中所设定水的倍数，便可得到此款皂所需的水量。

145 克乘上设定的水的倍数 1 =145 克

❼ 分别填入各式油脂所属的 INS 值（请参考 P.30 ~ 31）。

❽ 将该油所属的 INS 值乘上配方中该油所设定的百分比，即可得到配方中该油贡献的 INS 值。最后将配方中所有油脂的 INS 值总量相加，便可得到此款皂实际产生的硬度数值。

橄榄油 109 × 72% ≈ 78.5
椰子油 258 × 18% ≈ 46.4
棕榈油 145 × 10% = 14.5

78.5 + 46.4 + 14.5 = 139（此款皂实际产生的硬度数值）

就算我喜欢我的手工皂，

但客户不喜欢就是徒劳。

不管我如何大力推荐，客户说不好就是不好。

如果嫌弃客户没有眼光、不懂自己，

那不如不要做这一行。

Even if I am fond of my soaps,

it makes no sense if not enjoyed by my customers.

No matter how I earnestly recommend, it still depends on

user's preference.

If I feel offended just because my vision was not shared,

then I may as well leave this profession.

PART 2
千变万化的
冷制皂

一生做一次吧

单一油脂做皂篇

"单一油脂不做皂！"我在进入手工皂的世界之时，有老前辈曾经这么告诫过我，希望我不要冲动去进行实验，以免白白浪费材料钱与研发时间。就如同年轻人刚买人生中的第一部新车时，不要先购入高级进口车，而应该购入平价的国产车，原因是高级进口车的维修费用，通常都比国产车来得惊人。

那时，正是我踏入职业做皂的前夕，告诫我的人便是台北市艺术手工皂协会的姚昭年老师，虽然已经过了13年我仍铭记在心，我也会告诫我的学生们不要冲动、理性点……

全硬油的皂（椰子油、棕榈油等），通常来说优点是成本降低、工时降低；但缺点是清洁力会过强，失去人们对于手工皂期待的滋润洗感，变得与一般市售香皂无异。

而全软油的手工皂，优点则是无可比拟的优异洗感，尤其对干性、敏感性肌肤的人来说更是有感；但缺点是费工耗时，往往制作会超过4个小时，甚

至超过24小时的比比皆是，例如老祖母手工皂。再者，全软油的皂所需的材料往往所费不赀，再加上没有硬油的加持，皂体本身过于软烂，消耗速度极快，耐洗度不佳，这也是市场上对全软油手工皂的评价。又因为INS值相对来得低，导致在台湾亚热带的气候下，全软油的香皂保存不易，往往在熟成后的半年之内就会出现酸败的现象。

所以，一块好的手工皂应该是软、硬油绝佳精算之下的作品。这也说明了单一油脂不做皂的原因，尤其针对初学者来讲，往往一腔热情往前冲，却忘了马上会面临不可收拾的局面。

我在构思本书时就在思考，是以初学者的角度去写作一本工具书，还是以这13年来累积的新素材、新想法去创造更全方位的工具书……最后是因为出版社不干涉我的创作理念，容忍我以自我为中心去尝试各样有趣的玩法，才有了这么一趟没有目的地的皂国之旅（也可说是无菜单料理）。我只要一想到这里就会很开心，所以，我们就任性一下，来做几款"一生做一次"的皂吧！

台湾鸵鸟油手工皂

（100%鸵鸟油皂）

配方

精制鸵鸟油 100%

水：2.5 倍

皂化价与 INS 值，请参考 P.30 ~ 31

香氛

柠檬精油 3%（巴西）
高地薰衣草精油 1%（法国）
花梨木精油 1%（圭亚那）

调香描述

调制出令人意想不到的温暖木质香，
同时具备果香与青草气息。花梨木含
有大量的沉香醇（linalool），在香水
工业中的作用极为重要。

工具准备与制皂步骤

请参考 P.61 ~ 69。

原本动物油并没有安排鸵鸟油出场，总觉得鸵鸟油让人
感到陌生，直到通过同行的介绍才知道，台湾竟然有人
饲养鸵鸟，为数还不小。

该单位全名是"台湾区人工饲养鸵鸟协会"，地点在台
中大里。我对于勇于创新的产业一直都带有崇敬的心态，
毕竟前人未走过的路有勇气走下去实在让人佩服。至于
鸵鸟油的营养价值，大家可上网查询，顺便认识鸵鸟产
业发展的现状。

注意事项

跟制作马油皂（P.82）的情况很类似，鸵鸟油手工皂的制作过程让人很舒适，
全程顺利，无异味，在 1 小时内即可完成。鉴于动物油（尤其是精制的）做的皂
到了第二天都呈现白色，为了避免卖相单调，会增加部分色料或染剂调和。

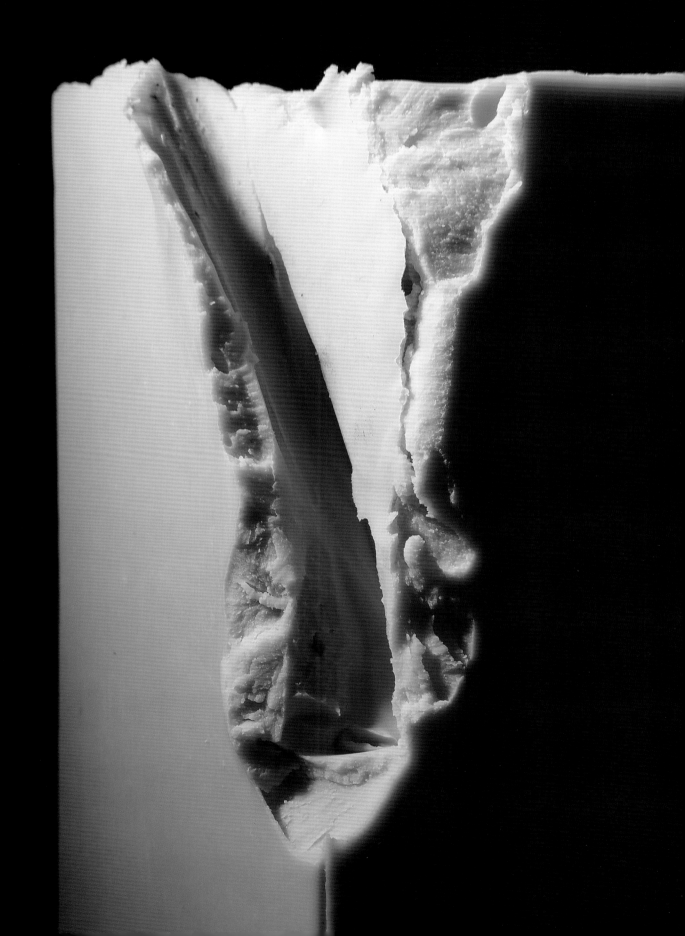

恩赛马莲手工皂

（100%猪油皂）

配方

未精制猪油 100%（自家提炼）

水：2.5 倍

皂化价与 INS 值，请参考 P.30 ~ 31

添加物：艾草绒粉适量（依个人喜好的颜色深浅而定，大部分动物油都是白色的，所以纯粹调色用）

香氛

甜橙精油 4%（美国）
马鞭草精油 1%（巴拉圭）
橙花精油 2%（埃及）

调香描述

有着泥土的香味，混合着果香与花香，同时具备青草的香调，作为室内扩香也很适合。

工具准备与制皂步骤

请参考 P.61 ~ 69。

恩赛马莲（Ensaimada)是隶属西班牙的马约卡岛（Mallorca）的一种传统面包。过去在岛上猪油是很昂贵的脂肪来源，而恩赛马莲面包会利用猪油来提味，不可思议的是，这款面包配热巧克力或咖啡非常对味，现在已成为西班牙家喻户晓的美食了。

有趣的是，ensaimada 这个词汇里的 saim 是马约卡文（加泰隆尼亚文）中"猪油"的意思，更是源自阿拉伯文的 shahim，shahim 是"油脂"的意思。如此看来，在古老久远的年代，猪油可能是人们最早认识的油脂，也是取得最为便利与炼油最多的油脂。直至今日，大家仍可在传统市场里看见肉贩炼猪油的场面。

注意事项

1. 在提炼脂肪时，注意不要有水，以免产生油爆，且最好佩戴平光眼镜与口罩，避免油腻。
2. 原以为 1 小时可结束，但制作时间超过 2 小时。
3. 过程并没有异味产生。

最初的感动，最真实的皂

（100%牛油皂）

单一油脂
做皂篇

配方

未精制牛油 100%

水：2.5 倍

皂化价与 INS 值，请参考 P.30 ~ 31

香氛

未添加任何香料，享受最原始的肥皂气息

工具准备与制皂步骤

请参考 P.61 ~ 69。

纯化步骤

1. 将固态的油脂加热到 150℃，加热过程会听到油爆声，并出现微小气泡，操作过程请注意安全。

2. 持续加热至没有声音与气泡，切记不能加热到油脂冒烟，让油脂呈现平静状态。

3. 静置一晚，让油脂的杂质沉淀于锅底或附着于锅边。

4. 第二天将已变成固态的油脂再加热至 80℃（这个过程不会再有气泡与油爆声）。熔化后熄火，并将纯化后的油脂缓缓转移到另一个干净的容器内存放。

在升温牛油的时候，仿佛置身在牛排馆一样，整个工作室弥漫着香煎牛排与汉堡的味道，所以特别不建议肚子饿的时候打此皂；而连续飘来的牛排味，也不禁让我担心成皂后的味道会是如何。第二天脱完模后的 100% 牛油皂，表面几乎看不到毛细孔且呈现出纯粹的白色，皂体结构虽有点软嫩，但其厚实的存在感令人印象深刻，可以预期熟成后会是一块非常坚硬雪白的皂。接着，我开始检查味道，当我把皂凑近鼻下一闻，立即为之惊艳！它从牛排味转变成牛奶味了，更贴切一点来说，简直就是日本北海道牛奶冰淇淋的香味。

我突然想起，12 年前第一次制作老祖母皂时，因买不起香料而直接就用橄榄油自身的味道"决一死战"。第二天脱模后，扑面而来的纯粹草本气味让我至今难以忘怀，相隔了 12 年，竟又再次让我闻到如此纯粹的皂味。感动之余，也涌现了许多回忆与感触。为迎合市场，这些年调制了许多受欢迎的香味，我差不多淡忘了这种最古朴的味道。

这是一种诚心满满，不做作亦无须修饰的纯朴味道。

我觉得初学者用牛油做皂非常好，100% 使用牛油，不用想配方，也不用花时间调香，就能做出令人感动的手工皂了，且让我命名它为"最真实的皂"。

注意事项

1. 升温至 50℃时，牛油的味道很重，为方便散味，请在通风良好的环境下操作。

2. 牛油中的杂质比其他动物类油脂相对较多，必须先进行纯化作业（参考左侧步骤），以确保品质完美。

横关马油皂

（100%马油皂）

配方

精制马油 100% （横关油脂工业株
式会社，日本）

水：2 倍

皂化价与 INS 值，请参考 P.30 ~ 31

添加物：何首乌粉（依个人喜好的
颜色深浅而定）

香氛

佛手柑精油 4%（南非）
醒目薰衣草精油 1%（法国）
马鞭草精油 0.5%（澳大利亚）
迷迭香精油 0.5%（匈牙利）

调香描述

以高挥发性的佛手柑精油为基础，
补足其他精油所没有的酸香气息，
微量的迷迭香与马鞭草让本体略带
一丝薄荷味，作为夏季皂使用非常
适合，也适合作为男士淡香水使用。

工具准备与制皂步骤

请参考 P.61 ~ 69。

我使用的精油与马油都是购于日本厂商横关油脂工业株
式会社，主要原因是市售常见的马油在固态情况下，用
手揉搓时会有白色颗粒产生，不管是做皂或做保养品常
会导致成品质地不细致的问题，所以目前还是横关家的
精制马油比较适合我。

在台湾，对于马这种动物我们相当陌生，所以马的相关
产品总是充满了神秘感。马油的不饱和脂肪酸含量在
60%以上，其中多元不饱和脂肪酸占 24%，也就是说在
保湿效果方面，相较于其他哺乳类动物脂肪来得高；再
加上接近人类脂肪结构的特征，使它的亲肤力相当好，
所以不只可用它来做皂，更可将它用于其他日常保养品
中。

注意事项

马油本身因为精制过，所以并无异味产生，温度到45℃即熔化成液体，全程打
皂十分轻松，约40分钟即可入模。

云之布蕾手工皂

（100%鸡油皂）

配方

未精制鸡油 100%（奶油色）

水：2.5 倍

皂化价与 INS 值，请参考 P.30 ~ 31

添加物：姜黄粉适量（依个人喜好的颜色深浅而定）

香氛

茶树精油 2.4%（澳大利亚）
苦橙精油 1.8%（巴西）
松木精油 1.2%（奥地利）
檀香香精 0.6%（Firmenich 香精公司）

调香描述

统一使用木质类的香料来抑制鸡油味，此香氛配方也可应用于环保回锅油中，可使其哈喇味降到最低，并且呈现清新的木头香味。如再加上姜精油 1%，即可成为年轻男士的标准版淡香水。

工具准备与制皂步骤

请参考 P.61 ~ 69。

后期测试

熟成后脱模时皂体结构坚硬，但切皂时不至于出现破碎现象。外观呈现微发亮的质感，立即清洗测试，可产生绵密的泡沫，且有明显的拉丝效果。就洗感而言适合干性肤质或是男性使用，香气持续时间长且明显，是块讨人喜欢的皂。

动物油皂要命名实在很难，大部分都会俗气化，所以以法文"huile de poulet"鸡油的音译云之布蕾来命名，相对就优雅多了。

各种各样的原因，有人不吃牛肉，有人不吃猪肉，但鲜少听到有人不吃鸡肉的。鸡的各部位作为食材较为常见，大部分人也都能接受，但鸡油却不易取得，在传统市场亦不常见。家禽类炼油率依排名[注1]为 ① 鹅油 83%，② 鸭油 79%，③ 鸡油 53%，主要原因是鸡脂部分常夹带杂质，脂肪原料中不纯物较多，故炼油率较低。

此次拜我的文字整理珮宸小姐所赐，拿到大量的鸡油试验，非常感谢。因为珮宸小姐亲戚家里在做滴鸡精的事业，所以鸡油的品质与数量不是问题。

注意事项

鸡油升温至 80℃进行纯化，再降至 50℃时加入氢氧化钠，会产生令人不悦的鸡油味，请尽量于通风处制作。完成时间约 90 分钟。

注1 |
数据来源：禽类油脂应用于化
妆品研发之探讨

乳玛琳手工皂

（100%人造黄油皂）

配方

人造黄油 100%

水：2 倍

皂化价：0.141，INS：147

添加物：黄色小皂块适量

香氛

薰衣草精油 2.5%（捷克）
水蜜桃香精 1%（Firmenich 香精公司）
薰衣草香精 1%（Argeville 香精公司）
白茶香水香精 0.5%（Firmenich 香精公司）

调香描述

甜甜的香气牵萦缭绕。薰衣草精油被广泛
使用在香水调配中，尤其是化妆水中，它
的气味也普遍为人们所接受。

工具准备与制皂步骤

请参考 P.61 ~ 69。

每次到欧洲旅行，意料之中我一定会变瘦，原因无他，
就是饮食习惯的不同。我们是吃米饭的，但在意大利我
是牛角面包配热咖啡，在西班牙是牛角面包配伊比利亚
火腿加柳橙汁，在法国则是荷包蛋配热咖啡（依据物价
决定吃的量。会选择牛角面包，是因为它有甜味且咬下
去不会太干涩，好入喉，仅此而已），在德国最可怕了，
因为是住在老奶奶开的民宿里[注1]，早餐她都会提供满满
一桌各式我不喜欢的面包与水煮蛋等，我们根本吃不完，
所以会打包带走当午餐吃。

面对我不喜欢吃的、无味且很硬的面包时，我会加入果
酱或奶油等帮助入口，但因为还是很难吃，所以只吃基
本能维持生命的量。搞了半天，吃东西就只是为了活着
而已，这样能不瘦吗？

拥有保存日期长、无须冰藏、低价、外形光泽美丽、好
吃等优势，我发觉在中西式饮食里，大多存在于这些油
脂：乳玛琳（margarine）、动植物奶油、酥油、雪白乳
化油。它们的共同点在于外包装上的营养标识中脂肪含
量都超高。

如果是动物脂所制成的，那就没问题；如果标榜是植物性的，不意外肯定是椰子油、棕榈油这些油品所提炼的。后来再去欧洲，我吃面包时只好去传统市场买那种大圆盘、现切的起司帮助入食。

撇开营养不谈，纯粹为制作出一块好的手工皂，以上油品确实是很好的选择，把它们当硬油使用，舍弃椰子油、棕榈油，它们基本上都能制作出一块完美的皂，符合你与市场的期待。

每当我拆开一小盒所谓的奶油或果酱时，我都会想着这是否是天然的？记得小时候这些东西好像需要冷藏，但现在在室温下也都不容易坏，于是让我产生了以下念头——如果这些是人工所产出的油脂，用来做皂是否品质上会比较稳定呢？

记得我 10 年前试用过"白油"来做皂，感觉皂化速度很快，切皂时像在切奶油般滑顺，熟成后皂体坚固，与市售热制皂无异，更重要的是保存期限可延长至 2 年以上。这让我很错愕，因为这个结果推翻了一个常识：所有天然素材应该会有瑕疵，手工皂或食材不应该不会坏，就跟人不可能不会老一样。

从此之后，只要来路不明的油脂我绝对不碰，它之所以来路不明是因为厂商不想让你知道它的原料是什么，一旦你知道了大概也不会买了！

简单来说，我推测这些来路不明的油脂应该是用廉价的动植物油脂，经过高科技的提炼工法，制成另一种新的商品，以符合消费者的期待。

注 1 |
罗腾堡 Karin 民宿
（Rothenburg Karin）

客户和我们是共同体，
客户买货做生意，生意好才会再来批货。
想建立这样不断的良性循环，
不可能只有单方获利。
我们都在同一艘船上。

My customers and I are in a symbiotic bond.
They buy my soaps; their business prosper;
they return to buy more.
Through this virtuous cycle,
that we can establish our mutual benefit.
We are, after all, on the same boat.

专为初学者设计
基础油篇

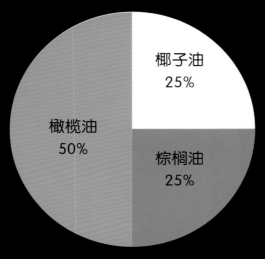

中性肌肤适用

软油 50%　　硬：软
硬油 50%　　= 1：1

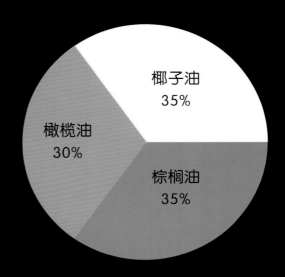

油性肌肤适用

软油 30%　　硬：软
硬油 70%　　= 7：3

手工皂的结构，来自三种平价的植物油脂，只要善加运用其特性与比例，即可设计出各式各样适合不同肤质、具备不同功能的手工皂，操作简单又省钱，是非常适合初学者练习的范本。

椰子油（硬油）

特性：代表清洁力。

比例：人体使用不能超过35%，衣物使用则无限制，比例越高清洁力越强。

棕榈油（硬油）

特性：决定皂的硬度。

比例：10%～40%即可提供手工皂的基本硬度，使皂遇水不容易软烂。

橄榄油（软油）

特性：代表滋润度。

比例：10%～100%皆可，比例越高对肌肤滋润度越高，实现手工皂不同于市售香皂的价值感。但必须注意，加太多的话会使手工皂遇水易软烂，使用寿命短、消耗快，一般建议40%～70%为最佳比例。

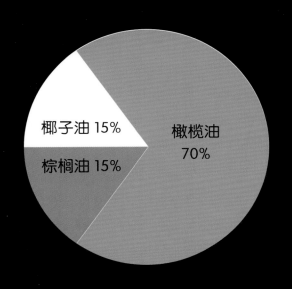

干性肌肤适用

软油 70%　　　 硬：软
硬油 30%　　　 ＝ 3：7

强效清洁家事皂

配方

椰子油 90%（Kirkland Signature，菲律宾）
橄榄油 10% [注1]（Aceite Oliva Pure，西班牙）

水：3 倍

皂化价与 INS 值，请参考 P.30 ~ 31

添加物：无患子细粉 2%（增加泡沫用）

香氛

纯粹作为洗涤衣物使用的话，建议添加杀菌力强的精油，如尤加利、松木、香茅、茶树精油等，建议用量为 1% ~ 5%，可自由选择。

若用作洗涤食物餐盘，可考虑具有果香气味的精油，如甜橙、柠檬、葡萄柚、佛手柑精油都是不错的选择。由于前调挥发性较快，建议用量至少 5% 以上，才能确保历经 30 天熟成期后还会有香味。

工具准备与制皂步骤

请参考 P.61 ~ 69。

以皂为例，硬油（椰子油）代表清洁力，软油（橄榄油）代表滋润度，硬油比例愈高，清洁力愈强，软油比例愈高，滋润度愈高，愈不伤手。

可依个人使用习惯，自己调整比例。如果是用洗衣机洗涤衣物，没有伤手的问题，建议把椰子油提高到 100%，可获得最大的清洁效果。如果是用来手洗贴身衣物，椰子油占比在 80% ~ 90% 皆可。

注意事项

家事皂通常是我上课讲授的第一款皂，原因是制作速度快，初学者容易上手，且失败率极低。此皂在温度上并没有太大的限制，只要 50℃ 上下皆可操作，也不会因为温度过高而失去清洁力。所以，就给自己一个愉快的早晨来制作全家大小都适用的家事皂吧！

注 1 |
橄榄油可换成芥花油或大豆油，皆可达
到滋润效果。

男士专用油性手工皂

配方

橄榄油 30%（Kirkland Signature Pure，菲律宾）

椰子油 35%（Kirkland Signature Pure，菲律宾）

棕榈油 35%（Lana，马来西亚）

水：2.5 倍

皂化价与 INS 值，请参考 P.30~31

香氛

茶树精油 2%（澳大利亚）

樟树精油 1%（印度）

绿花白千层精油 1%（马达加斯加）

调香描述

略带一点清凉的气息，充满雄性荷尔蒙的味道，拥有将躁动兴奋的心情抚平至安静内敛的功效。

工具准备与制皂步骤

请参考 P.61 ~ 69。

其实我并不认同手工皂将硬油比例提至过高主要还是为了市场考量，我总觉得会购买手工皂的客人应该是用不习惯市面上的洗涤用品（多半清洁力过强），才转向购买相对滋润的手工皂。

但是，随着时代慢慢进步，购买香水的男士不在少数，我 13 年来上课的男女比例也逐渐改变，所以，男士专用皂似乎在未来大有可为。只是，必须改变的应该是香气，滋润度我想倒不是重点，因为男性的肌肤跟女性的肌肤相较起来更为强壮与健康。

在市场上，男女香水比例约为 1：9，可想而知，香氛市场由女性主导，更别谈香皂还分男女了。我在想身为男士的专用品，可能还不如宠物用品来得多吧！

去角质中性肌肤适用皂

配方

橄榄油 50%（Olitalia Oliva Pure，意大利）

椰子油 25%（OKI，菲律宾）

棕榈油 25%（Lana，马来西亚）

水：2 倍

皂化价与 INS 值，请参考 P.30 ~ 31

香氛

橙花精油 2%（埃及）

鸢尾花香精 2%（Firmenich 香精公司）

扁柏精油 1%

工具准备与制皂步骤

请参考 P.61 ~ 69。

调香描述

鸢尾花是法国的国花，意大利佛罗伦萨的城徽也是一朵鸢尾花，名牌包上的图案、皇宫外铁栏杆上的尖状物上都有鸢尾花的影子，鸢尾花也是梵高一幅创天价（5300 万美元）的画作的主题。

总之，鸢尾花充满贵族的气息，在市面上要寻找其精油实属艰辛，而且真假难辨。我记得在 2012 年时请国外厂商报价，1 千克要 5 万欧元（玫瑰 1 千克才 1.2 万欧元），现在价格又不知道涨多少了，所以不得不改以香精替代。

鸢尾花带有酸甜的香气，在花类精油里算是十分独特好辨识的，其明亮优雅的味道很适合用来制作室内芳香剂或香水，但在年龄的分析上比较适合熟女，搭配木质香氛，在嗅觉上可呈现稳定与内敛的风格。

中性肌肤皂大概是我制作次数最多的皂，因为市场整体接受度很高，皂体耐用性也最强（有一半硬油撑住皂体，不易崩解）。我有时也想，是不是大部分客户连自己的肌肤属性都不了解才导致中性皂如此受欢迎呢。

我试着将软油换成 INS 值高的特殊油，例如酪梨油、甜杏仁油等，一样大受欢迎，除了有遇水过软这个问题外。要制作送人的皂，建议考虑此配方，既省成本，别人接受度也高！

干性肌肤适用皂

配方

橄榄油 70%（Berio EVO，意大利）

椰子油 15%（Nutiva，厄瓜多尔）

棕榈油 15%

水：1.5 倍

皂化价与 INS 值，请参考 P.30 ~ 31

香氛

洋甘菊精油 5%（匈牙利）

调香描述

洋甘菊可缓解因为过敏导致的皮肤疹，尤其对荨麻疹最为有效，所以它经常被添加于以药草植物为主要特征的手工皂与洗发精中。

工具准备与制皂步骤

请参考 P.61 ~ 69。

我个人并不喜欢做适合干性与敏感性肌肤的皂，主要原因有二。其一是会指明要这类皂的客人，大多是有严重敏感问题，若手工皂的熟成期抓不准或未经试用的情况下销售出去，可能会造成彼此间的纠纷。在我早期网拍年代就曾遇过类似事件，幸好对方是好说话的客人，提醒我不适合他使用后退货了事，所以得注意避免造成消费者对于手工皂的不信任。

其二是制作工时相当久，以早年打 10 千克为例，通常会消耗掉我 2 ~ 3 小时的时间，虽然说对身体没有太大的负担，但长时间重复操作同一动作，实在是一种折磨（或说是修炼也行）。

注意事项

操作时间会超过 1 小时以上，如果手容易酸，建议打 10 分钟休息 5 分钟。其间如果温度低于 40℃，请记得随时升温至 45 ~ 50℃，以保持皂化的顺利进行。

1 |
干性与敏感性手工皂需在 30 天熟成期后，使用 pH 试纸测 pH 值，理想值为 pH8。

2 |
若要销售，不管 pH 值是否达标，先让自己或干性肌肤的家人朋友试用，确认是否适合。

敏感性肌肤适用皂

配方

橄榄油 90%（Giardini del Parariso EV，意大利）

椰子油 5%（Nutiva，厄瓜多尔）

棕榈油 5%

水：2 倍

皂化价与 INS 值，请参考 P.30 ～ 31

添加物：敏感性肌肤的刺激源主要是
香料与添加物，所以首先考虑的是能
不加添加物就尽量不加，其次再考虑
选择什么油品

工具准备与制皂步骤
请参考 P.61 ～ 69。

在不使用电动辅助工具的情况下，这可能是我最不想制作的手工皂，原因同样在于上一篇制作干性肌肤适用皂所提到的两大困扰，而且最难撑下去的其实是打皂时间。在软油高达 90% 的情况下，无论如何都必须打超过 3 小时。（如果竟然在 3 小时内制作出来了，可往温度过高或油的品质有问题方面去分析。）我的习惯是无法一心好几用，只能专心去制作单一的皂，所以总是会处于冗长的寂寞心情中。

在课堂上一定会有同学问我，为什么不用电动辅助工具来缩短制皂的时间呢？这听在我耳里，犹如问我为什么要跑马拉松，开车不是比较快又舒服吗？为什么要骑单车环岛，开车不是又快又舒服吗？我都会想那还叫运动吗？早期我的回答是比较直接且激动的，例如："你好意思说电动做出来的皂叫作手工皂吗？"当然往往会引起同学们的不快，之后学习气氛便降到冰点。其实后来想想，同学们也没有恶意，只是纯粹不懂问问而已，而我却当作一回事去挑起正面冲突。所以后来我改用较圆滑的方式回答，例如："如果你有手部伤残的证明，那当然要用电动的，避免病情加重……"不过，这个说法好像也无法满足同学们的求知欲，只当笑话一般。现在我的回答则比较像政客，要么沉默，要么选择别的话题顺势带过，不挑起正面冲突，这样对大家都好。例如我会回答："你身上衣服好漂亮，请问哪里买的？"或是"你的发型很漂亮，请问哪里剪的，可提供老师参考吗？"

软油超过 70% 以上的手工皂，价格本就应该高，我所在意的成本并非原材料本身的价格，而是制作的时间。我出售的手工皂都以制作时间长短来决定成本高低，毕竟时间是无价的。

工业化社会的时代已经结束，

现在的社会，

消费者风气不是重视产品本身带来的愉悦享受，

而是重视产品买得划算与否。

重视娱乐快餐胜过品味生活，

高效率的生活形态渐渐成为主流。

也许这正是职人精神慢慢消失的原因吧！

The era of the industrial society has ended.
Consumers no longer pursue
the pleasuring experience of the products,
but has developed a thrifty habit that decides their spending.
They indulge more in entertainment than in taste.
High efficiency became the mainstream in life,
which may be why the artisans' spirit has gradually faded.

针对皮肤疑难杂症

基础油 + 特殊油篇

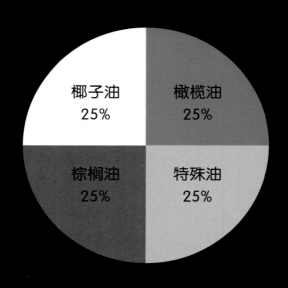

特殊肌肤适用

硬油 50%   硬：软

软油 + 特殊油 50%   = 1：1

国内外常见的具有疗效的手工皂，其疗效主要就是来自于特殊油。此类油品通常比基础油拥有更多的营养成分，并可深入皮肤底层，帮助细胞更新与代谢，特别是针对问题性肌肤，更能提供所需保护。

此外，特殊油也大量被运用在芳香疗法与各种天然保养品上，可以说是让手工皂近年来风靡全球的主要原因。但是，特殊油取得不易且价格昂贵。

大多数的特殊油品 INS 值都偏低，所以比例尽量控制在 25% 左右，避免产生皂体过软、快速酸败等现象。

食用落花生油手工皂

（预防粉刺，干燥肌肤专用）

基础油 +
特殊油篇

配方

精制花生油 40%（International Collection，英国）

椰子油 10%（OKI，菲律宾）

棕榈核仁油 20%（Apical，马来西亚）

橄榄油 30%（Mastr' Olivo Pure，意大利）

水：2 倍

皂化价与 INS 值，请参考 P.30 ~ 31

添加物：雄黄粉 1%、奇异果籽适量

香氛

百里香精油 0.5%（法国）

香茅精油 0.5%

欧薄荷精油 1%（英国）

奥图玫瑰香精 3%（Symrise 香精公司）

调香描述

在玫瑰蜜糖般甜美的香气中，带着少许以亚洲风为基底的气味，带给人们有时甜美、有时强烈、有时层次丰富、有时难以言喻的怀想。

工具准备与制皂步骤

请参考 P.61 ~ 69。

会认识 International Collection（后简称"英商 IC"）这个花生油品牌，主要是因为我从 N26°[注1] 的老板娘送我的众多油品中，看中了它那精美的外包装。我们中国人所熟悉的花生油竟能被它包装成精品，令人爱不释手，我进而上网[注2] 把他们家所有的油品都买了下来，放在工作室的架子上，看着它们真有疗愈效果啊！

N26° 的创办人 Eta Lin 是从蓝带厨艺学校毕业[注3] 的，回台湾创立了 4F Cooking Home[注4]，依她的品味所挑选的油品有一定的水准。英商 IC 是由瑞典商 AAK[注5] 代工，为该集团最高端的子公司，主要业务是针对餐厅与一般家庭的零售服务。其网页[注6] 上还有指导使用者正确用油的料理食谱。

每次我做皂没有什么灵感时，便会上去看看，欣赏它众多油品的包装设计，每每都有意想不到的收获。我总觉得台湾的油品品质不差，但外包装永远上不了台面。我曾问过苦茶油的厂商，为什么要用绍兴酒瓶装油呢？回答永远是："因为大家都是这么做啊！"

后来，我了解到一部分是因为成本，拿瓶子费用来说，进口与国产有一定的价差，但就算这部分讲得通，那为什么字体大都千篇一律呢？这部分用我美工科的眼光来看，还有很大的进步空间。

注 1 |
N26° 手工皂实验室，为台湾最美的手工皂实体渠道，本人担任顾问一职
（2016 ~ 2017）。
注 2 |
日本有代理，可上乐天市场查询（Rakuten.com）。
注 3 |
总部位于巴黎，是世界上最大的厨艺学校。
注 4 |
2008 年成立至今，为台湾最顶级的人文烹饪教室之一。
注 5 |
AAK 全名为 Aarhus Oliefabrik，1892 年（光绪十八年）在瑞典创立，为欧洲
最大的动植物油脂供应商之一。
注 6 |
http://internationalcollection.us/

一级初榨
纯正芝麻油手工皂

（强化肌肤保湿力）

配方

橄榄油 48%（Frantoia EVO，意大利）

椰子油 20%（OKI，菲律宾）

棕榈油 12%

芝麻油 20%（一级初榨，日本九鬼产业）

水：2 倍

皂化价与 INS 值，请参考 P.30 ～ 31

香氛

罗勒精油 0.5%（意大利）

二级依兰依兰精油 0.5%（马达加斯加）

快乐鼠尾草 2%（法国）

没药精油 1%（阿曼）

调香描述

强烈的异国情调，鲜明且具穿透力，展现了精雕细琢的气度，非常适合从事工艺行业的人使用。如果做成身体按摩油则对肌肉及皮肤都有益处，可让身体及心灵恢复元气。中国人对于芝麻油绝对不陌生，麻油鸡、姜母鸭或贡丸汤上面那两滴香油都是芝麻油，具有"醍醐灌顶"的调味功效。

工具准备与制皂步骤

请参考 P.61 ～ 69。

芝麻在中国有悠久的栽培历史，分布十分广泛，芝麻油也成为中国植物油的始祖之一。

之所以会选择日本九鬼产业出产的芝麻油来制作，主要是因为它的历史很悠久，早在 1886 年（日本明治十九年）就创业，等于是在清光绪十二年就开始营业。一个产业有办法撑过百年，自然有它的坚持与独到之处。它的包装完全汉化，看起来很有职人风骨，到现在还依据传统，使用宣纸进行过滤。

芝麻油含有大量人体必需的脂肪酸与多元不饱和脂肪酸，这种油具有的肌肤修复与润肤特性，使它成为美国最受欢迎的手工皂与清洁用品的添加成分。顺带一提，如果是用芝麻油做成身体按摩油的话，白芝麻能制成透明无味的芝麻油，品质出乎意料地稳定且不易变质，因为略具轻微的亲水性，所以使用上感觉清爽不油腻。

自制身体按摩油的小配方

葡萄籽油 40%

芝麻油 20%

小麦胚芽油 10%

EVO 橄榄油 30%

你喜欢的精油 1% ~ 5%

将上述材料倒入瓶中摇匀，静置 24 小时之后即可使用。

孤独的王者
苦茶油手工皂

（预防细纹，增加肌肤光泽）

配方

苦茶油 60%
棕榈核仁油 10%（Apicai，马来西亚）
椰子油 5%（英商 IC）
橄榄油 25%（Olave EVO，智利洋行）

水：1.5 倍

皂化价与 INS 值，请参考 P.30 ~ 31

香氛

安息香精油 0.5%（印度尼西亚苏门
答腊岛）
肉豆蔻精油 0.5%（斯里兰卡）
丝柏精油 1%
香蜂草精油 3%（捷克）

调香描述

带着婴儿爽身粉与皮革质感的香气，
这是最纯粹的奢华氛围，让感官沉浸
于高雅气质之中，而奢华本身即蕴藏
着伟大的简单。

工具准备与制皂步骤

请参考 P.61 ~ 69。

苦茶油是油茶树（拉丁学名：*Camellia Oleifera Abel*）
的种子榨的油，茶籽在茶树上需历经 1 年 2 个月的春雷、
夏雨、秋风、冬霜才能成熟变果实供榨油，且 100 千
克的果实仅能取得 18 千克的油，实属珍贵。苦茶油的发烟
点在 252℃，算是少数软油里相对高的；就食用价值来
看，所含单元不饱和脂肪酸高达 82.5%，胜过橄榄油的
72.8%，可说是油中之王。我们都知道苦茶油的好，但
感觉它却距离我们的生活很遥远，原因无他，量少价就
高，苦茶油价格几乎是进口橄榄油的 2 倍。就算撇开价
格不谈，它闻起来和吃起来都有强烈的苦涩味，单独做
一道苦茶油拌面线，基本上还可以；但满满一桌菜如果
都使用苦茶油的话，食材的天然香气可能都会被苦茶油
那与生俱来的"王者气息"所覆盖，所以大家退而求其
次，以橄榄油取而代之。中国人的烹调习惯都属于大火
快炒，苦茶油的营养价值胜过众多植物油，且在承受高
温上也快逼近硬油等级，却不能为市场所接受，所以我
真的觉得它是"孤独的王者"。

95% 的苦茶油原料出自江西，台湾自产的苦茶籽为数不
多，多数都是小农自己种自己吃，有剩余的部分再在社
交网站销售，让识货的人先行预订。在此推荐一家"万
技伯有机农园"给大家参考。若讲述苦茶油的历史，再
多的篇幅也写不完，我会留在其他手工皂篇幅内慢慢聊。

注意事项

苦茶油会使皂液变得很浓稠，建议先倒入一半的量，10 分钟之后再倒入另一半。

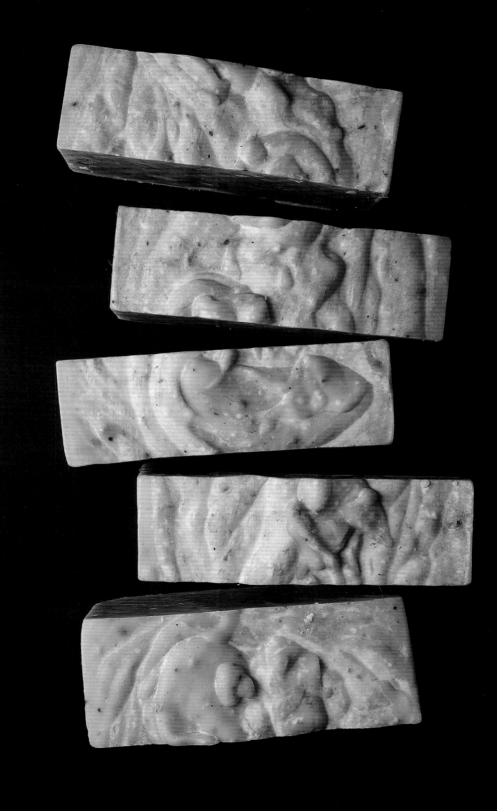

御之力玄米油手工皂

（受损肌肤适用）

配方

玄米油 50%（Tsuno，日本）

棕榈核仁油 10%（Apical，马来西亚）

椿油 10%（横关油脂，日本）

橄榄油 15%（Clemente，意大利）

椰子油 15%（英商 IC）

水：1.5 倍

皂化价与 INS 值，请参考 P.30 ~ 31

香氛

玄米与茶树香精 1%（Givaudan 香精公司）

泰国香米香精 1%（IFF 香精公司）

柠檬精油 3%（南非）

调香描述

亚洲鱼米之乡的香氛，嗅觉上呈现潮湿及温暖的氛围，略带一点茉莉花的芬芳，让人遥想着日暮时分农家丰收的喜悦。

工具准备与制皂步骤

请参考 P.61 ~ 69。

我们所熟悉的稻米，生长在温暖潮湿的环境里，当稻秧开始生长时，整个稻田会灌满水，在阳光的照射下映照出一幅幅美不胜收的自然画面。稻米主要种植于远东地区，另外少数在埃及、意大利、法国，美洲大陆（如墨西哥）也有栽种。

米糠油由稻米的外壳与种子的胚芽提炼而成。我试着找寻台湾地区生产的米糠油，但上网输入"台湾米糠油"，随之而来的是一连串令人难过的"米糠油中毒事件"[注1]，仿佛米糠油就是世纪之毒多氯联苯（PCB, Polychlorinated Biphenyl）一般，中毒事件发生后，米糠油就全面退出台湾的民生食用油市场了。

这实在很讽刺，中国台湾地区盛产稻米，竟然没有米糠油，正如我们不能想象西班牙生产橄榄，却不生产橄榄油一样，虽然西班牙也曾经遭受橄榄油毒害[注2]。事过境迁之后，有家厂商勇敢地代理日本进口的米糠油，采用日本"玄米油"的名称，并以"日本中小学生指定用油（日本厚生省规定）"为宣传口号，重新打进市场。目前米糠油又慢慢地活跃起来了，只是还没有业者本土化生产。

其实查询西方的文献，会发现稻米的营养价值比马铃薯还要高，且制成米糠油后用于保养品上，具有强大的抗氧化功效，尤其针对黑色素沉淀。用于洗发皂上可以软化发质；用于手工皂上，是少数能对抗硬水、增加起泡力的好油。

衷心期待有一天，台湾的米糠油获得重生。

注 1 |

米糠油中毒事件，又称"多氯联苯中毒
事件"，1968 年和 1979 年发生在日本
与中国，人们因为食用了被多氯联苯污
染的米糠油而中毒。

注 2 |

西班牙有毒橄榄油事件：2001 年西班牙
所生产的部分橄榄油中，含有超量的苯
并芘，它是一种致癌物质。

白芒花籽油手工皂

（熟龄肌肤适用）

配方

白芒花籽油 30%（Piping Rock，美国）

棕榈核仁油 10%（Lana，马来西亚）

椰子油 5%（OKI，菲律宾）

橄榄油 15%（Stupor Mundi EVO，意大利）

甜杏仁油 30%（Piping Rock，美国）

摩洛哥坚果油 10%（购自 Cafa de Savon 前田京子所开设的商店，摩洛哥产）

水：1 倍

皂化价与 INS 值，请参考 P.30 ~ 31

香氛

水蜜桃香精 1%（IFF 香精公司）

草莓香精 0.5%（Symrise 香精公司）

薄荷精油 1%（自行蒸馏）

玫瑰香精 0.5%（IFF 香精公司）

调香描述

白芒花籽油的英文是 meadowfoam，试着调整为 14 ~ 20 岁爱做梦的少女所喜欢的香氛：纯粹的果香甜味，再略带一点成熟的玫瑰花香。

工具准备与制皂步骤

请参考 P.61 ~ 69。

白芒花籽油在国外的风评很高，主要产地在美国加州北部，由于它富含维生素 E，制作手工皂时，几乎可以用它来替代小麦胚芽油或南瓜籽油，只不过它价格不低。它能使手工皂有稳定的保存日期，保证手工皂常温下存放不易变质。严格来说，它有些像液态蜡，如荷荷巴油一般，清爽而不黏腻，强烈建议用它制成护手霜或护唇膏。

---

1. 白芒花护唇膏

材料：
白芒花籽油 7 克、蜂蜡 3 克

添加物：喜欢的精油 1%

做法：
两种油脂混合后，隔水升温至熔化，再加入精油搅拌，注入护唇膏管，静置变硬。

2. 白芒花护手霜

材料：
白芒花籽油 10 毫升、蜂蜡 1 克、乳油木果脂 5 克、橄榄蜡乳化剂 5 克、热水 30 毫升

添加物：喜欢的精油 1% ~ 5%

做法：
所有油脂混合后，隔水升温至熔化，再加入精油搅拌，倒进容器，静置变硬。

注意事项

如果肌肤属于敏感性肌肤的话，制作时可不加精油。

人神共享
可可手工皂

（高度保湿，优异的润肤效果）

配方

未精制可可脂 8%（BT Cocoa，印度尼西亚）

棕榈核仁油 10%（Lana，马来西亚）

蓖麻油 10%（株式会社自然化妆品研究所，印度）

橄榄油 52%（Felsina，意大利）

葵花籽油 20%（Olitalia，意大利）

水：1.5 倍

皂化价与 INS 值，请参考 P.30 ~ 31

香氛

Milk（牛奶）& Honey（蜂蜜）3%（购自 Bramble Berry，美国手工皂教母开的店，网上评价 4 颗半星）

工具准备与制皂步骤

请参考 P.61 ~ 69。

可可树与巧克力最早的发源地是墨西哥，古文明记载，在玛雅时代可可是传统市场以物易物的首选，也是祭祀天神重要的供品，后来西班牙殖民者将其带回欧洲发扬光大，在哥伦布第四次航海日志中也有记载它被误认为杏仁的故事。

我们所使用的可可脂，是可可树果实中所含的可可豆（一颗果实有 20 ~ 40 颗可可豆），经烘焙后变成浓稠状的可可胚乳，凝固后便称为"可可膏"（cocoa mass），别称 100% 黑巧克力，再经过机器分离出可可粉（cocoa powder，就是提拉米苏上面那层咖啡色的粉）与可可脂（cocoa butter）。

可可脂再加工过滤一次，会产生乳白色的光泽，呈发亮固态状，这就是我们用来入皂的未精制可可脂了。

我与"深坑"这个美丽的地方很有缘分，10 年前在"深坑农会"授课，让我度过了一个愉快的夏天。同学们个性温和，没有刁钻古怪的问题，纯粹只是利用早晨的时光，愉快地打一锅皂，且农会给我的课时费也很可观，这些都让我十分感动。

在农会上课是在 3 楼的大礼堂，上课人数 40 ~ 50 人，桌子是传统喜宴用的大圆桌，再铺上一大张鲜红色的塑胶布。每每看着她们上课前认真布置的模样，我的嘴角都会不自觉地上扬。（这种像喜宴一般的上课模式，后来在马祖南竿上课时也重演过，这又是另一个故事了。）

等同学布置完后，因人数众多我必须要用麦克风讲课，并且要让同学看得到我的示范，所以我会走到主席台上讲课。没错！就是那种好像阅兵用的主席台，高高在上。台下同学求知若渴，不管我说什么同学们都勤做笔记，就算我说笑话也一样认真聆听。就在这样的氛围下，我度过了一个很有尊严又饶有趣味的夏天。

10年后，我受"深坑图书馆"的邀请，旧地重游，它的位置刚好在农会附近。在上课前我先到农会开的超市买咖啡喝，发现门口有人摆摊卖巧克力蛋糕与一个个类似木瓜的东西，经询问才知道是可可树的果实。

这是我第一次亲眼看到新鲜的可可果实，五彩缤纷，有红色、橘色、绿色、咖啡色等，往年我只在食品烘焙展看到过干燥后的可可果实，都是土黄土黄的颜色，所以这让我大为惊艳，老板也大方现剖果实给我吃。

可可果看起来很像龙眼，黑色的可可籽外面包覆一层白色略透明的果肉，吃起来有点像释迦果的口感，酸酸甜甜非常多汁，但果肉黏性很强，无法将其果肉吃干净以取得完整的黑色果籽。

我原想等吃完后将果籽晒干，将其磨碎当作磨砂颗粒使用。后来经老板热情介绍，才知道台湾部分小农已在屏东种植可可树并加工成各式商品。

这次的体验让我很开心，索性将老板带来的果实全部买下来，在课堂上与同学们分享，我顺便将老板告诉我的知识现学现卖介绍给大家。那天我原本是要教制作护唇膏的，结果变成了品尝本土产可可果大会，宣传本地小农辛苦经营的农特产品。下课后，班上同学蜂拥至摊点那里抢购蛋糕与热可可饮品等，我也与小农老板[注1]成为好朋友。

言归正传，我很喜欢使用可可脂入皂，一般只要加入 6% ~ 10% 就可以得到很好的硬度与滋润度。如果拿得到可可膏的话，效果又会更好，硬度几乎是可可脂的 2 倍，且会有淡淡的巧克力原味，颜色就如巧克力般讨人喜欢。更重要的是，不管使用可可脂或可可膏入皂，都可使手工皂的使用寿命延长，至少可撑过一年四季不同的温、湿度考验，可可真的是手工皂的好朋友！

注1 |
牛角湾巧克力咖啡农场

月见草油手工皂

（问题性肌肤适用）

配方

未精制月见草油 30%（长白土坊株式会社，产地未知）

棕榈核仁油 20%（仁津有限会社，产地未知）

椰子油 10%（ASA corporation，日本）

橄榄油 40%（Cobram Estate，澳大利亚）

水：1.5 倍

皂化价与 INS 值，请参考 P.30 ~ 31

香氛

小苍兰香精 1%（Bramble Berry 香精公司）

玫瑰香精 0.5%（Firmenich 香精公司）

柠檬精油 3%（南非）

黄瓜香精 0.5%（Givaudan 香精公司）

调香描述

以年轻女性轻盈优雅的身形为主题而设计的香氛。柠檬为前调，引出玫瑰与小苍兰的韵律，淡雅的花香搭配新鲜黄瓜的气息，清新脱俗。

工具准备与制皂步骤

请参考 P.61 ~ 69。

这种草本植物只在盛夏夜晚开花，所以被称为月见草（evening primrose）。花朵颜色带乳黄，略有香气，一年只开花一次，在夜晚绽放更为艳丽，因为与樱草花（primrose）颜色相近，又被称为晚樱草。

月见草的适应力强，耐旱耐酸，对土壤要求不严格，几乎在任何地区都能看见它的存在。月见草油作为外用，主要对湿疹、牛皮癣、异位性皮肤炎有明显功效。国外常见的身体保养品、乳霜、护发素、护手霜等，都常加入月见草油。

如果制成脸部精华霜，搭配澳洲坚果油使用的话，是很好的抗疤产品。

月见草脸部精华霜

材料：

月见草油 4 毫升

澳洲坚果油 4 毫升

全效型乳化剂 15 滴

纯水 30 毫升

添加物：

薰衣草精油 2 滴

玫瑰精油 4 滴

花梨木精油 1 滴

做法：

1. 加入油脂、乳化剂和水。

2. 盖上盖子摇晃均匀。

3. 添加精油搅拌均匀。

冰与火之歌
玫瑰手工皂

配方

未精制玫瑰果油 20%（智利）

未精制覆盆子油 10%（智利）

未精制黄瓜籽油 10%（智利）

橄榄油 30%（Santiago EVO，智利）

棕榈核仁油 15%（Lana，马来西亚）

椰子油 15%（Lord Duke，泰国）

水：1.5 倍

皂化价与 INS 值，请参考 P.30 ~ 31

添加物：玫瑰果籽适量、干燥洋甘
菊适量

香氛

大马士革玫瑰香精 1%（Givaudan 香精公司）

紫罗兰香精 0.5%（Givaudan 香精公司）

灵猫麝香香精 0.5%（Givaudan 香精公司）

干邑葡萄酒香精 0.5%（IFF 香精公司）

晚香玉香精 0.5%（IFF 香精公司）

四个皇后玫瑰香精 0.5%（Symrise 香精公司）

依兰依兰精油 0.5%（印度尼西亚）

调香描述

沉浸在粉红色的天鹅绒气息里，你可以性感又
可爱。

工具准备与制皂步骤

请参考 P.61 ~ 69。

玫瑰果油是从野生的蔷薇果实种子部位（占果实重量的 70%）萃取而来，野生的蔷薇果主要生长在纯净零污染的安第斯山脉及智利南部，全球产量的 70% 来自智利。

玫瑰果油的维生素和不饱和脂肪酸含量极高，柠檬酸含量是柠檬（自古以来就享有维生素 C 之王的美誉）的 60 倍，多元不饱和脂肪酸含量 80%，钙含量是牛奶的 8 倍。

玫瑰果油外用能促进细胞再生，尤其针对熟龄肌肤，更有柔肤、敛肤与淡化斑点等功效。

智利位于安第斯山脉与太平洋之间，国土南北长 4 300 多千米，东西平均宽度只有 200 千米（最大宽度约 400 千米），是全世界最狭长国家之一。北有沙漠（阿塔卡马沙漠 Atacama，被喻为世界最干旱之地），南有冰川（百内国家公园 Torres Del Paine National Park 内的格雷冰川 Grey Glacier），气候极端。

我对于这个国家的了解，最早起源是南港展览馆举行的食品加工展现场，原本是要去找油品的，但竟

有一群美女在卖水果酒〔PISCO（皮斯科）调酒，为烈酒〕。经展销人员解释才知道这是智利的一种特殊酿制蒸馏酒（类似白兰地），有点类似鸡尾酒的感觉。

因为很好喝，我将展台上所有同类型的水果酒都买了下来，随后告知他们，我是做香皂的。展销人员开心地告诉我他们公司也进口各种橄榄油（后来我才知道进口酒类的厂商，也常会顺便进口橄榄油品，只是品项较少），希望我有机会去参观。

展期结束后，我依地址来到安和路上（放眼所及皆为高级商业办公室），我找到一家从外观就可知道主人品位的店面，叫作"智利洋行"，踏入后看见充满南美洲风情的布置。我第一个想到的是，在这种地段有这种装潢，应该花不少钱吧！

随后，穿着艳红色细肩长裙的老板出现了，就像站在聚光灯下婆娑起舞的弗拉明戈舞者（她后来真的跳了一小段），强大的气场迎面而来。

她热情地向我介绍智利的人文风情与特产，原来老板娘是智利华侨，从小生长在那里，成年后回台湾

注意事项
玫瑰果油接触空气易酸败，请放置在 14 ~ 20℃的环境保存。

推广智利的农特产品。

我从她的眼神看得出来，做自己喜欢的事情有多么快乐，如同我做皂一样。随后，她拿起精致的银汤匙，在上面放了一颗鹦鹉牌手工方糖（La Perruche），滴了少许的巴萨米克陈年葡萄酒醋（Balsamic Vinegar），叫我一口吞下去。

入喉当下，陈年葡萄酒醋那独特焦糖化的浓郁口感爆发（像是不小心吃太多芥末被呛到的感觉），让我眼角有点泛泪，随之而来的是浓稠且滑顺、带点蜂蜜甜味的甘甜，与长年吸收木桶气味浓缩再浓缩的深沉复杂的香气。

这次冲击让我决定去意大利巴萨米克醋的发源地摩第那（Modena）旅行，这样的体验仿佛给我打开了一扇大门，世界上还有如此多具有历史文化的食材，我对其认知却是如此浅薄，只知道用橄榄油来做皂，却不知道有更多的美好事物等待我去挖掘。

没多久，老板娘又端着由木盘盛装的青菜沙拉与水煮蛋放在我面前，这让我终于忍不住脱口而出："老板娘，我只是要来买油的！"

她不疾不徐，微笑着说现在就为你拿来，我看着她把橄榄油、葡萄酒醋豪迈地淋上蔬菜，在店内聚光灯的投影下，绿色的菜、黄色的油与黑色的醋交织成一首如史诗般波澜壮阔的交响乐。

不用多说，我又把所有品项的橄榄油全买下来了。这样的品油体验，后来在我的"手工皂师资认证班"的品油课上大量被应用，连投影片上的资料也是智利洋行所提供的。在此感谢老板娘，在我早期懵懂的制皂路上为我开启了另一段旅程。

金氏认证酪梨皂

（洗脸专用）

配方

未精制酪梨油 60%　（Avogreen，墨西哥）

甜杏仁油 10%　（株式会社自然化妆品研究所，产地未知）

橄榄油 10%（Olimia EVO，中国台湾地区商户于澳大利亚自耕、自产、自销）

棕榈核仁油 20%　（仁津有限会社，产地未知）

水：2 倍

皂化价与 INS 值，请参考 P.30 ~ 31

香氛

红苹果香精 1%　（购自 Bramble Berry，美国手工皂教母开的店）

鼠尾草精油 2%　（匈牙利）

无花果香精 1%　（IFF 香精公司）

丁香精油 0.5%　（斯里兰卡）

焦糖香精 0.5%　（Givaudan 香精公司）

调香描述

希望呈现亚热带地区的阳光充沛感：以无花果与鼠尾草带来明亮清新的感受，再以丁香与苹果带出炎热干燥的环境氛围，最后以具甜味的焦糖香结束。

工具准备与制皂步骤

请参考 P.61 ~ 69。

我初次接触酪梨，是"贵夫人榨汁机"正流行的时候。到友人家做客，他家刚买了一台，他家念小学的小女儿也刚学会操作榨汁机，她后来打了一杯酪梨牛奶给我喝。看着白色浓稠的黏状物质，要不是淋上些许果糖，我觉得我根本喝不下去。没想到入口并没有想象的难咽，反而有种暖心暖胃的感觉且相当具饱足感。为了讨小朋友的欢心，我便要求再喝一杯，只见小朋友兴高采烈地去厨房把另一半酪梨丢入果汁机……但是友人告诉我，酪梨的热量很高，我刚喝下去的量几乎是一顿正餐所需的热量，常这样喝的话，恐有变胖之虞。我立即对酪梨这种外来水果产生了兴趣。

英国著名书籍《金氏世界纪录大典》记载，酪梨是营养价值很高的水果，原产于墨西哥（此地也是全球酪梨产量之冠），现在广泛栽培于各地，连台湾地区也有种植，大部分在台南，我在小农商户"大地彩妆果园"购买过，在此供读者参考。酪梨榨出来的油更是不得了。单元不饱和脂肪酸的王者是苦茶油，第二名是橄榄油，第三名便是酪梨油了。酪梨油的发烟点居三者之冠（达 260℃以上），ω-3（Omega-3）不饱和脂肪酸含量也是第一名，且售价合理，与橄榄油算是伯仲之间。如果用于手工皂更是好处多多，酪梨油的 INS 值几近破百，也就是能提供手工皂的滋润度与硬度，与甜杏仁油并列为初学者入门的特殊油选项之一。酪梨油具有亲肤性而且不易造成过敏，文献上记载为制作洗脸皂或不过敏手工皂推崇的材料之一，我更是大量使用它来制作护唇膏与按摩油。如果是要做皂，我建议使用未精制的酪梨油。草绿色的油有别于橄榄油的清淡，虽然在手工皂熟成后颜色会逐渐淡化，但在制作时倒入油的那会儿，享受视觉上的满足感也是很重要的。

手工皂的寿命只有一年，
但它的生命力远比表面上看起来更旺盛。

Though the shelf life of a handmade soap is a year,
the vitality is more than meets the eye.

三种油之应用经典系列

让我们向横跨时空的经典手工皂致敬。

我虽然不懂得吃，但也知道烹饪用的食材种类越少、调味越少，越能彰显食物的原味。就各项或顶级或经典食材来看，正是如此，例如生鱼片、伊比利火腿、生蚝、松露、黑咖啡、单一纯麦酿制的酒，等等。

做手工皂也是一样，早期农业社会没有机器，开发不出新颖的油品，自然只能使用产地仅有的材料。

中国早期是用单一牛脂来做皂，西班牙最初的联合王国是使用全橄榄油来制作卡斯提尔皂（Castile Soap），叙利亚的阿勒颇古皂（Aleppo Soap）只用橄榄油与月桂果油制作，而法国的马赛皂（Marseille Soap）也是只用三种油（橄榄油、椰子油、棕榈油）制成。

我心中认可的经典手工皂，在配方设计上不能用超过三种油，因为只有使用最低限度的油品，才能实现植物油最大的功效。

越是简单，越是经典。这才是做皂职人一生的精神信仰。

72％的传奇
马赛皂

经典类

配方

橄榄油 72％（Basaiton EVO，法国普罗旺斯 AOC 产区）

椰子油 18％（Biofinest，美国）

棕榈油 10％

水：1 倍

皂化价与 INS 值，请参考 P.30 ~ 31

香氛

薰衣草精油 3％（法国）

红酒调香精 1％（IFF 香精公司）

蜂蜜香精 0.5％（Firmenich 香精公司）

橄榄香精 1％（Firmenich 香精公司）

松露香精 0.5％（Symrise 香精公司）

调香描述

使用这 5 种香调，是特意向普罗旺斯的 5 种农产品致敬。味觉不讨喜，但委实是一款当之无愧的有强烈风格的手工皂。

工具准备与制皂步骤

请参考 P.61 ~ 69。

马赛皂的各种传说，在网络上随便都可以查询到，我在这里想要讲的是实务篇。马赛皂是由 7 : 3 的软、硬油组成的。基本上只要软油占 70％ 以上的皂，都需要花上 3 ~ 4 小时来制作，且熟成后在使用上消耗极快，暴露在湿度高的环境下容易软烂，再加上软油过多常会出现酸败哈喇味。在此简单教授几种方法，教大家克服这些缺点。

操作软油比例 7 成以上的手工皂时，有以下 4 种做法：

1. 水量降成 1 倍：水越少皂化速度越快。

2. 添加粉类：粉类吸附多余的水，使皂体坚硬不软烂。

3. 适当的香精：能够加速皂化。

4. 使用 EVO 等级的橄榄油或棕榈核仁油，这两种油都会使皂液在操作时较快变浓稠。

注意事项

1. 在 45℃的制作油温下，要有打皂时间需要 3 ~ 4 小时的心理准备。

2. 天然的深绿色在熟成期过后会退成乳白色，想拍照需趁早。

拜占庭之月
阿勒颇古皂

经典类

配方

未精制月桂果油 30%（叙利亚）
橄榄油 70%（土耳其）

水：1 倍

皂化价与 INS 值，请参考 P.30 ~ 31

添加物：橄榄籽磨砂颗粒适量

香氛

肉桂精油 1%
月桂叶精油 1%（泰国）
丁香精油 0.5%（中东地区）
苦橙叶精油 1%（匈牙利）
没药精油 0.5%（中东地区）

工具准备与制皂步骤

请参考 P.61 ~ 69。

调香描述

如果不是作为商品的话，我很少会为香水取名字，大多以编号取代。例如：男香 1 号、女香 2 号等。但此香氛为这本书（编者注：台湾繁体字版）首次印刷的赠品皂使用，对读者与我来说有一定的意义在，所以我依香皂的产地来源与故事性，为它取了神秘感十足的名字：拜占庭之月（Moon of Byzantine），所呈现的气息是浓郁的东方情调（我这里的东方情调指的是中东地区或泛阿拉伯国家，而非亚洲）。

美好的气味略带神秘感，散发出独特复杂的吸引力，驱动着我们展开一场层次丰富的异国之旅。

注意事项

1. 此配方部分精油对皮肤有刺激性，易产生过敏，请全程戴手套与护目镜制作。
2. 忠于原版没有使用硬油，制作工时会超过 2 小时，切勿以高温使其皂化，全程温度请维持在 45℃左右。

阿勒颇所生产的肥皂，在伊斯兰的世界里相当受欢迎，又被称为"浴场肥皂"，是大众浴场（Hamam）里常见的肥皂。大众浴场也就是土耳其浴池的意思，土耳其浴池大多邻近清真寺，用意是让穆斯林在做礼拜前先净身，所以土耳其浴池也是圣洁之地。

如果说肥皂的发源地是叙利亚的话，我一点也不怀疑。我们都读到过美索不达米亚（Mesopotamia）这个词，这一词源自希腊文，意思是"两河之间"，即在今日的中东地区，由底格里斯河和幼发拉底河两大河流冲积而成，形如新月，称为两河流域。

这片新月形的土地，包括了叙利亚、伊拉克等国家，是世界古文明的发源地之一。在肥皂产业上也相当发达，在 2015 年达到 270 万欧元的营业收入，肥皂一直处于供不应求的状态。

叙利亚有非常多的超过百年以上的肥皂品牌，例如 Najel、Live Olive、Jayanti、Lorbeer、Saryane 等。除去外包装后，每块都长得差不多，颜色为黄色（指的是熟成之后），皂体表面凹凸，近看好像有皱纹存在（彻底干燥与手工切制的原因），每块皂仔细闻起来必定有自然氧化的植物油哈喇味（这才是真正"肥皂"的原味，所以我不称它为"香皂"）。感觉上每块皂都如经历了战火的洗礼一般，在洗感上虽说都是以热制法为主，但至少每块皂都有拉丝效果，实属好皂。

近年来，有厂商代理进口叙利亚的肥皂，兴起一股浪潮，拜它所赐，大牌原料商也顺势引进了月桂果油（Laurus nobilis fruit Oil）来造福大家。说造福一点也不夸张，因为这不是成本多寡的问题，而在于进口的难度。目前最难进口的几个地区，分别是中南美洲、非洲，还有就是中东国家了。

当我买到月桂果油时，打开瓶盖立即传来一股厚重的草本味混搭木质调（就调香比例来讲，很像是艾草 2％＋薄荷 0.5％＋月桂 0.5％＋烟草 1％＋没药 0.5％ 的组合），浓浓的异国情调让人惊艳。

我原本想什么香料都不加的，以求呈现原汁原味的阿勒颇古皂那自然的哈喇味。但作为本书首次印刷的赠品皂，好像又会对不起读者，所以才另外调配这富有中东风情的"拜占庭之月"，希望读者们会喜欢。

最古老的存在
老祖母纯橄榄皂

如果说牛油皂是古老且早期才有的香皂，那么橄榄油皂可能就是最早的纯植物油皂了。

在台湾的文献里，植物油提炼技术目前只能追溯到日本统治时期的传统动力榨取[注1]。在台中[注2]沙鹿的乡土志里，有一份由制油专家洪斗先生口述留下的制油流程记录（并没有介绍是哪种油，但我推测那个年代盛产的应该是芝麻油、花生油、苦茶油等），流程内容是：

1. 炒烧（烘焙）：逼出香气，软化果实，否则会有 50% 的油出不来。
2. 碾碎（研磨）：果实干燥后以牛推磨，除去果实外壳等杂质，顺便一提，怕牛一直绕圈头会晕，都会为它戴上眼罩。
3. 炊蒸（升温加热）：在有湿度的情况下出油量较多。
4. 压制豆箍（圈）：集中果籽，捆绑成圆饼状。
5. 撞击（轧压）：早期是用撞击的方式，使其出油。

此工法也可运用在橄榄果实上，只是把牛换成驴子，再把眼罩换成胡萝卜或苹果。台湾其实也有生产橄榄的，在新竹县宝山乡（我还去帮忙采收过）。

在 20 多年前我还不会做皂的时候，从电视上看到一位慈祥的退伍老兵聊到在台湾种植橄榄树的种种酸甜苦辣，其中连关键技术也全部透露出来，包括育种、栽培，到如何切接、嫁接、扦插、组织培养等。

连主持人都很惊讶地问："阿伯，您都不怕被人学走吗？"只见老伯笑笑说："年轻人想学是最好的，但（现状是）连采收都找不到人手帮忙，所以希望更多人学习此技术。"

看完以后我深受感动，马上去电询问可否无偿帮忙采收，但我不是要学种橄榄的技术，纯粹只是感受到有人想做事却没人肯帮忙的悲哀。

现在因为使用橄榄油的风气盛行，老伯的橄榄树园已成为台湾地区唯一的橄榄油产销培训课程基地了，并与当地油田社区发展协会一同推广台湾原生种橄榄，也有了门市渠道，叫作"宝山橄榄门市"。比较可惜的是，台湾种植的品种无法大量榨油，多加工为蜜饯或其他农特产品销售。

注意事项

我不建议初学者制作此皂，原因如下：

1. 打皂时间超过 1 天，会重创生手的信心。

2. 90 天后，橄榄香气会转变成哈喇味（可考虑包装好后放冰箱）。

3. 台湾的气候难以保存超过 1 年以上（除非放冰箱）。

4. 无太大意义。马赛皂与纯橄榄皂的滋润度相差不远，且马赛皂的好处（硬度、清洁力、成本、工时等方面）比纯橄榄皂更多。

注1 |
人工劳力的榨取，有如和尚敲钟般，利用撞击的原理使植物油流出，一直到 1937 年引进机器设备，产能才得以提高。

注2 |
台中（清水）、彰化、云林盛产花生，20 世纪 70 年代初期台北有许多小油行，80% 以上都是台中人北上开设的。

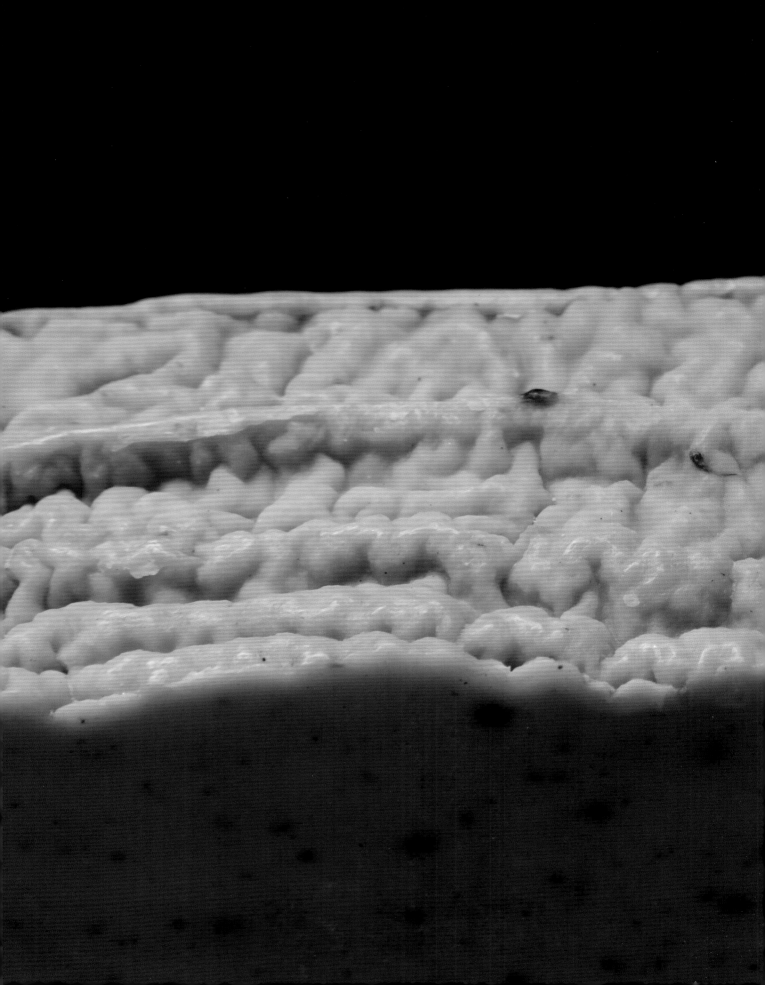

天使的礼物
乳油木果婴儿皂

早年在网络卖皂时，有两款特别受欢迎的皂，就是婴儿皂与玉容散美白皂。当然也有备受争议的皂，例如洗发皂与紫草浸泡油手工皂。受到客户喜欢的皂就不谈了，这里来聊聊有争议的手工皂。

洗发皂一直是我的最爱，至今我还是使用自制的洗发皂来洗头。可能我是男生，所以可以接受洗完后毛发的干涩感，加上我是短发，所以没有梳理的问题。

相反地，我的客户大多为女性，就算大家都知道洗发皂比起洗发水更天然，但以上的问题仍很难解决。

第二个有争议的皂，是紫草皂，当年标榜有舒缓异位性皮肤炎的功效，在客户的满意度里也一直都是好评较多。直到我遇见一位男性客户反映无效（他是位好客户，也买过许多次皂），就算重新改配方又为他再做一次，还是无法让他满意，这让我十分灰心。

在那次事件后，我有一阵子再也没泡过紫草油了。直到后来从事教学工作，学生希望能做出蓝色的皂，才开始再一次尝试，至今基本上好评还是比差评多。

坦率地说，我也很想坚持某些皂不是不好，只是刚好不适合某些客户，但被市场质疑也是事实。有时候事实是一种武器，让我们很容易被击倒。

所谓的成熟，是否是自己慢慢妥协于大众的标准之下呢？上网查询我的名字，不出所料一定是褒贬参半，尤

配方
精制乳油木果脂 40%（非洲）
酪梨油 20%（Grove，新西兰）
甜杏仁油 20%（Huilerie Emile Noel SAS，法国）
橄榄油 20%（First Press，新西兰）

水：2.5 倍

皂化价与 INS 值，请参考 P.30 ~ 31

香氛
无添加任何香料，感受最原始的肥皂香味

工具准备与制皂步骤
请参考 P.61 ~ 69。

其是早年从事教学工作时，常可发现同学们的文章里头写道："小石老师一气之下，课也不上掉头就走了……"

现在想起来还是有点不好意思！当年的我纯粹只是觉得上我的课如果只是打锅皂玩玩，不想听理论，不想算复杂的方程式，那何必来上课？明明还有更多其他的选择，又何必浪费彼此的时间。

注意事项

1. 乳油木果脂不要与其他的油脂混合放入升温，要等皂打到微稠时，再慢慢分批倒入锅内混合。注意温度要保持在 45℃ 以上，这么做，才能确保乳油木果脂的养分完整保存。

2. 这块皂是给婴幼儿使用的，不适宜有太多的添加物。

3. 使用前，先在婴幼儿脚底进行过敏测试，没有问题后再洗身体。

4. 很多油脂是未精制的比较好，但乳油木果脂不一样，如果未精制，反而会造成许多问题，例如易产生哈喇味、打皂工时过长、皂体结构软烂等。

我在做皂的时候必定会聚精会神。

如果用随随便便的态度参与，一定做不好皂，

之后更不可能把生意做好。

I craft my soaps with intensified care.
If done in a casual manner,
it can be foreseen that the creation will not be a satisfying one,
nor will it be an attraction for business.
My heart bleeds whenever I see soaps with gloomy fate.

草本植物浸泡油系列

西方以花草植物作为浸泡油的基础，
以此制作保养品与芳香按摩油。
东方则是以传统中草药为原料，
制作具药理的紫云膏与润肌膏。

浸泡油系统几乎已经进入微观世界的时代。
在国外常可见到浸泡油陈列于店面中，
各式瓶罐里承载的是五颜六色的植物精华。
若选择以浸泡油作为做皂这条道路的导航，
有许多学问可以钻研，也能走得长远。

亚维农的薰衣草花田
紫草浸泡油手工皂

配方

紫草浸泡橄榄油　50%（自家浸泡）

月见草油　20%（德国）

椰子油　15%（Kirkland Signature，菲律宾）

棕榈油　15%（Carotino，马来西亚）

水：2倍

紫草浸泡橄榄油皂化价：0.134，INS：109
其他油脂皂化价与INS值，请参考P.30 ～ 31

添加物：干燥薰衣草籽适量

香氛

真正薰衣草精油　3%（法国）

玫瑰天竺葵精油　1%（埃及）

马鞭草精油　1%（捷克）

橙花精油　1%（印度）

调香描述

作为新书首次印刷的第二种赠品皂的香氛，此香氛对读者与我来说有一定的意义，所以特别取名为"亚维农的薰衣草花田"。名字有点俗气，但味道却很耐闻，从13年前第一次制作紫草皂至今，我仍然沉溺于这款皂素雅的香气中，无法自拔。

工具准备与制皂步骤

请参考P.61 ～ 69。

关于紫草神奇的功效，网络上有太多资料可以寻找，我们就来聊聊其他的事吧！不同厂商提供的原料、素材都不尽相同，如果你找到一家价格、品质都令你满意的厂商，建议你就专情于它。做皂这么多年来，我只固定跟迪化街的一家老店订购紫草，原因无他，就是品质和色泽让我非常满意，而且价格也算合理。前几年发现它涨价了，但别家厂商没涨，我便跟老板娘抗议说："紫草这种东西满山到处乱长，没有病虫害的问题，也没有风不调、雨不顺导致它歉收，有什么理由涨价呢？"

店家跟我沟通后，涨价的理由还是无法说服我，这让我感觉不是很好，我又不是过路客，买了都快十年了，于是我赌气到另一家购买，但经过两个月的测试，结果非常糟糕。要知道，我制作紫草浸泡油随便都是50升起步，而且时间长达两三个月，好的紫草浸泡油应该要有艳丽的红色且不透光，用其他店卖的紫草制作出来的颜色，与原本那家真的是天壤之别！最后我只好乖乖地回老店买，还被老板娘嘲笑说："就跟你说嘛，你就不听，现在知道了吧！"其实后来想想，单价也才差了十几块而已，我到底是在不高兴什么啊？所以时至今日，我还是用原本那一家老店的。

紫草是一种平价的原料，制作得当便可以染出漂亮的蓝色（若添加色素，也能变成紫色且定色力更强）。知名品牌Burt's Bees的神奇紫草膏也含有紫草根萃取精华，有兴趣的朋友可尝试自行制作浸泡油。

注意事项

1. 制作时间超快，约莫 1 小时便可完成。

2. 月见草油属于高单价的特殊油，建议等皂液微稠后再慢慢加入。

3. 紫草浸泡油原本的颜色为鲜红色，遇碱性会变成蓝色，熟成后再慢慢转变为灰白色。在没有添加其他色素的情况下，会褪色是正常的。

你很年轻且很聪明
金盏花浸泡油手工皂

配方

金盏花浸泡橄榄油 40%（自家浸泡）

葵花籽油 15%（Escents，加拿大）

椰子油 10%（Biofinest，美国）

棕榈核仁油 15%（Apical，印度尼西亚）

白芝麻油 20%（竹本油脂株式会社，产地未知）

水：1.5 倍

金盏花浸泡橄榄油皂化价：0.134，INS：109
其他油脂皂化价与 INS 值，请参考 P.30 ~ 31

香氛

橙花精油 2.5 %（西班牙）

托斯卡尼鸢尾花香精 1.5 %（Givaudan 香精公司）

扁柏精油 0.5 %

欧薄荷精油 0.5%（澳大利亚）

调香描述

具有神奇疗愈感的香气，令人耳目一新的清爽感受，非常适合夏天使用，作为青春少女的淡香水也很合适。微量的扁柏能让人有一种"你很年轻且很聪明"的印象，如同《罗马假日》里的奥黛莉·赫本般，既有高雅的气质又俏皮机灵。顺便一提，她所主演的每部电影，都是我创作香水的灵感来源。

工具准备与制皂步骤

请参考 P.61 ~ 69。

制作浸泡油的前置作业

1. 亲手准备： 干燥的花草或中药材（可静置风干或放入烤箱、微波炉进行干燥）。

2. 直接采购： 迪化街是非常好的选择。在自家附近的中药行购入或买大型超市里的干燥花草茶也可以。

3. 建议素材： 金盏花（许多一线大厂爱用的素材）、紫草（可染出古典的蓝色）。

4. 使用的植物油： Pure 等级的橄榄油（无色无味，不会影响素材的香气）。

5. 浸泡的容器： 塑胶或玻璃瓶皆可，但建议使用大容量（10升以上）的广口瓶；准备两个，透明与不透明各一。

浸泡油的制作方法

1. 花草素材用量：每一种花草素材的密度、重量、形状皆不同，很难统一定出标准。但原则上，只要花草倒入该容器内，占约 1/3 的容量即可。记住，这个步骤使用的是透明的广口瓶。

2. 加入 Pure 等级的橄榄油（或想加的任何植物油）至八分满。用保鲜膜封住瓶口再盖上，然后放置于户外日晒 15天，遇阴天则多延长 1 天，最好在瓶身外注明日晒天数，以免忘记。

3. 15 天后，使用滤网将花草素材过滤掉，然后将油倒入不透明的广口瓶中，再加入新的（同样的）花草素材，放置于阴凉、不受光线照射的地方，保存 2 个月即大功告成。

后记

我喜欢自由自在的创作，不喜欢在既定的标准下去执行，我不喜欢的也不会逼别人接受。但试过许多方式（包括在欧洲所学的），好像也没有比此方法更好的。现在欧洲流行高温浸泡的方式，也不局限于单一油品，而且高温的方式让浸泡的时间缩短且植物的养分也不致流失太多，但我目前可得到的参数并不多，还在测试阶段，不敢在此书献丑，希望学成后有机会与大家分享。

注意事项

1. 前 15 天的日照是为了释放出花草素材的功效，之后的 2 个月是为了酝酿植物的颜色和香气。

2. 浸泡油需要日照，因此建议夏季制作。

3. 浸泡油保存期限短，以浸泡油制作的手工皂，请于半年内使用完毕，以免酸败。

4. 可额外添加 10% 未精制小麦胚芽油，以延长保存期限。

5. 浸泡油制作期很长，考虑到时间成本，若不是制作 10 升以上，建议就不要做了。

6. 浸泡过的花草请丢弃，不要因为可惜而拿来入皂，皂会因此加速酸败。

7. 如果真的买不到不透明的容器，拿块黑布直接盖住容器也有遮光效果。

不想让自己被某种东西绑住
玫瑰浸泡油手工皂

浸泡油类

配方

玫瑰浸泡橄榄油 30%（Kipa，土耳其）

棕榈油 25%（Carotino，马来西亚）

椰子油 15%（OKI，菲律宾）

蜂蜡 2%（自家提炼）

苦茶油 15%（自家提炼）

榛果油 13%（美国）

水：2 倍

玫瑰浸泡橄榄油皂化价：0.134，INS：109

其他油脂皂化价与 INS 值，请参考 P.30 ~ 31

添加物：干燥玫瑰花瓣适量（装饰用）、苦茶籽 1%（自家研磨）

香氛

波旁天竺葵精油 1%（马达加斯加）

四个皇后玫瑰淡香精 1%（Givaudan 香精公司）

莱姆精油 2%（南非）

广藿香精油 0.5%

丁香精油 0.5%

调香描述

玫瑰的香气对一个男性调香者来说，轻与重并不好掌控。太轻则没吸引力，太重则过于饱和偏向媚俗，所以配角很重要。

过往我都会以玫瑰搭配花梨木制作脸部精华霜，比例为 5：1，气息优雅醇厚、性感冶艳，虽然配方简单，但我可是用它上课超过十年了，目前还未遇到不喜欢的人。但近年来花梨木被多个国家限制出口，取得高品质的花梨木精油越来越难，我便试着使用其他的香料调出类似花梨木的香气，补足此缺陷。

工具准备与制皂步骤

请参考 P.61 ~ 69。

注意事项

1. 干燥玫瑰花瓣不可加太多，否则会造成皂体表面分布杂乱，失去装饰效果，宁缺毋滥。

2. 用双手撕开干燥玫瑰花瓣，使其呈不规则状。

3. 干燥玫瑰花瓣在熟成后会由红转黑，加的越多则越不好看。

我的学生官大哥很有钱，早年钱赚够了便举家移民澳大利亚，但仍常回来看看。在一次活动中，他接触到苦茶油，从此迷上了它独特的香味，没多久竟然就开起一人工厂。（我有很多学生都是如此，迷上了手工皂，课程结束后也开了店面。）那自产自销的苦茶油，竟也让他做得有声有色，开启了事业第二春。

因为他并不缺钱，所以希望未来由小孩接掌。他的小孩年纪与我相仿，但心另有所属，并不想从事制油产业，所以官大哥很失望，在我们手工皂课程结束后，他非要我去参观他的工厂不可。因为那时的我非常忙，不断拒绝，但他不断邀请，我实在不好意思一直拒绝老人家，又怕其中有"诈"，所以强迫女友陪同我去。

那天到了工厂后，他先介绍环境，一边是行政区，有四五张办公桌与电话。另一边则是榨油厂房与机器设备，两边加起来有160多平方米，空间干净明亮，只不过桌子上的名牌、置物柜及其他需要写姓名的地方，通通只写着官大哥一人的名字。

我不争气地笑了出来，并开玩笑说："从工友到总裁都是你一个人喔！"官大哥露出无奈表情回我："没办法，小孩不想做。"接着又说："我会去上你的课，是想利用传统的苦茶油来做皂，跟上现在最流行的手工皂产业，本来是希望小孩来上的，但他也不去，报名费都缴了，只好由我来上课。"

他继续说："在上课这段时间，我被你的热情深深打动……"听到这里，我越来越恐惧了，只见官大哥用正经的表情说："我决定把这间工厂送给你！"我跟女友本来在吃烤玉米串，在他讲完这句话之后，我们的玉米串在同一时间掉到地上，发出咚的一声。我第一个想到的是，完了，所有需要写名字的地方都要改成我的名字了，我上一秒还在笑人家……

在我还没回过神之时，官大哥就拿汤匙装了满满的苦茶油要我们吞下，要我们感受好油的震撼，并说只有好油才敢拿给客人生吃。我带着微微抗拒的心情吞下去，含在嘴里时，瞬间我又百感交集，原来植物油有那么丰富的层次与令人难以忘怀的口感。不争气的我又喝了一匙……

官大哥慢慢向我讲述苦茶油的各项优点，民众普遍不知道，实在需要推广。但因为他年纪太大了，也没什么体力，希望我能接下来继续发扬光大，并说老客户资料都有，不必担心收入的问题。

坦率地说，当时我无法回答，因为我的教师生涯才刚开始，手工皂订单也很不错，这让我陷入十字路口，不知该往哪个方向前进。三天后，我选择了放弃，原因是我很满意现在的生活，不想让自己被某种东西给绑住。

常看到本来在卖传统手工皂的店家，因为皂卖得不错，店越开越多，商品也变得五花八门，有面膜、洗发水或其他不属于自己专业的商品。这是否是被"钱"给绑住了呢？我不想过这样的生活。但是，

官大哥很坚持，经过几次沟通后我们最终达成协议，就是我教他做 100 千克能量产的冷制皂，他教我如何榨出好的苦茶油，我们就这样成了忘年交。

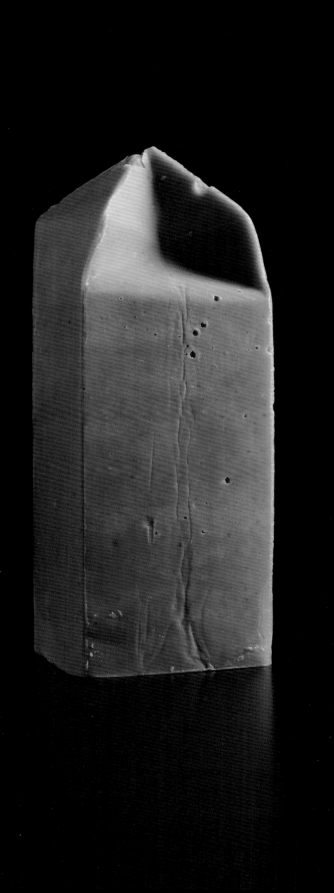

拥有强大嗅觉冲击力
圣约翰草浸泡油手工皂

浸泡油类

配方

圣约翰草浸泡油 30%（德国）

香茅浸泡橄榄油 30%（自家浸泡）

椰子油 15%（Kirkland Signature，菲律宾）

棕榈核仁油 10%（Lana，马来西亚）

米糠油 15%（Suriny，泰国）

水：1.5 倍

圣约翰草浸泡油
皂化价：0.132，INS：80
香茅浸泡橄榄油
皂化价：0.134，INS：109
其他油脂皂化价与 INS 值，
请参考 P.30 ~ 31

香氛

神圣罗勒精油 0.5%（印度）

天竺葵精油 2%（捷克）

牛膝草精油 1%（法国）

百里香精油 0.5%（匈牙利）

广藿香精油 1%（印度）

工具准备与制皂步骤

请参考 P.61 ~ 69。

调香描述

圣约翰草浸泡油本身带有特别浓郁的红酒味与烟草、皮革的香气，面对这款具备压倒性气势的植物油，我决定使用药草类的香料来强调此皂的嗅觉冲击力。

广藿香精油具有一种不寻常的气味与非常持久的定香力，在东方调性的香水里都会加入少量来作为底调，刚好补足百里香与牛膝草香气厚度不足的缺点。整体闻起来，并不会是一种女性所喜欢的香调，但只要用于提振精神，便不会失去它的光彩。

圣约翰草油（St. Johns wort infused oil）又名金丝桃油，一直被视为重要的药用植物，被大量应用在化妆保养、缓解蚊虫咬伤、消炎止痛等产品上。和紫草浸泡油一样，好的圣约翰草浸泡油也是不透光的红色；不同的是，圣约翰草浸泡油的红，是如血一般的鲜红，且带有陈年红酒与草本植物的甘醇香气，十分特别。但圣约翰草浸泡油并不适用于前面介绍的金盏花浸泡油的制作方式（请参考 P.154）。

圣约翰草是医疗等级的植物，想制作浸泡油，得使用许多不同的油脂调和，制作相当不易，且圣约翰草并不便宜，如果你想要尝试制作，请衡量成本。

曾经有位贵妇学生，向我订购 500 毫升圣约翰草浸泡油，由于这东西真的很昂贵，原本以为她是要拿来制作保养品，因此我在上课时特别跟同学们介绍此油的特性，更提到自己都还没本钱将此素材入皂。那位贵妇同学听了，二话不说，居然直接献出她的浸泡油，让我们在课堂上做实验。

大家原本以为圣约翰草浸泡油制成的皂也会是红色的，没想到却制作出了绿色的手工皂，都相当惊奇。但不出所料，熟成后皂体就开始慢慢褪色了。

在前往德国新天鹅堡的路上，会经过一个迷人的边境小镇叫作富森（Füssen），这里没有喧嚣的观光氛围，反而有种宁静朴素的乡村景致。我抵达时巧遇从邻国来展示的美食与手工艺品，有波兰苹果烤鸭，有西班牙的手绘橄榄油瓷瓶，当然还有法国的马赛皂，虽不是冷制的但也令人着迷。

我通常会将旅途中所遇见的美好事物速写于笔记本上，日后上课用或作为做皂参考。这样的循环可以让自己每年上课时有新的话题与故事，也让我每年都期待到新的国家旅行，也期待赶紧开课分享给大家。在此，我就来介绍一下在富森小镇上的一家可爱的艺术品店。

德国人的强项大多在比较刚硬的工业或工具类，通常不太专精于"包装"这种软技术。所以，不管是店面也好，商品也罢，总给人单调冷硬的感觉。位于莱茵河河畔邻近皇家宫殿的路上，有一家很特别的艺术品店叫作"LILA HAUS"，建筑物整栋使用粉紫色上漆，我想这种大胆的用色在全球都不是很常见。因为紫色在色彩学上是"暧昧色"，定义不清，很难讨好人，但喜欢的人会很喜欢，非常主观。

店内主要出售美酒、红醋与家居饰品，特别之处是还出售拌生菜与腌肉用的草本植物浸泡油，这些有点历史的瓶瓶罐罐内，装满了各式花草与颜色深浅不一的橄榄油，拼贴成一幅美丽的风景。值得注意的是，瓶身罐身下方都连接着一条吸管与类似水龙头开关的装置，我想应该是给当地居民分装用的。

这让我想起，在西班牙的安达鲁西亚，某一个小农的橄榄油庄园也有类似的装置。他们也是把大量现榨的橄榄油倒入白铁桶内，底部一样有个水龙头，方便当地居民自行分装，吃多少买多少，吃完再来装，既能保留油品的新鲜度，还不浪费。

这种巧思让我很感动。记得小时候并没有塑胶或保丽龙制作的一次性餐具出现，人们要买食物总会提着金属制的保温饭盒去装，人手一个大小不一的各式容器，老板手忙脚乱、对应不同容器而改变装法的滑稽画面在我童年时天天上演，令人无比怀念。但是我已经不知道多少年没在台湾看到了，反而在地球的另一端遇见。

在快速变迁的年代，我们都难免为了适应新的事物而遗忘了某些事，幸好旅行唤起了我温暖的回忆。

注意事项

1. 本次所使用的圣约翰草浸泡油，是德国厂商提供的，我左看右看都不认为我们具有制作出如此高水准浸泡油的技术，且怀疑里面的油不只有橄榄油，应该还有其他基础油混合而成。无奈厂商不愿透露配方，且浸泡技术应该属于高温法，非一般常温可达到的境界。

2. 圣约翰草浸泡油属于高单价的医疗级用油，建议使用精萃法，等皂液微稠后再慢慢加入。

＊精萃法：配方中如果有高价的特殊油品，请先不要与其他的"粗油"（椰子油、棕榈油等）混合在一起。先将高浓度的碱液与"粗油"简单进行混合后，它会快速反白而变稠，此时再依序将昂贵的特殊油陆续倒入，便得以将特殊油品的珍贵养分保存在皂内。

3. 圣约翰草浸泡油原本的颜色为鲜红色，遇碱会变成绿色，熟成后慢慢转变为灰白色。在没有添加其他色素的情况下，会褪色是正常的。

LE PARFUM MEILLEUR

Nature
SOAP
Handmade

每次做 30 千克的香皂时，

我都会紧张到膝盖颤抖。

就像看到神一样，内心非常虔诚与敬畏。

我会很专心地对待这个职业和这门技艺。

Each time I make an enormous batch of 30kg soaps,
my knees tremble with tension and agitation.
Humbled as if in the presence of a god,
my heart overwhelms with sincerity and veneration.
Solemnly I devote myself
to the career and artistry of soap making.

手工皂的五大系列

牛奶与蔬果系列

以牛奶或生鲜蔬果入皂，
素材取得容易，但做皂难度相当高。
主要是因为各种食材的特性与抗氧性的差异很大，
也没有太多前人所留下来的参数。

我们必须先将每样食材经过测试，
犹如身处航向未知文明的海洋，
翻船的概率很高，找到新大陆的希望却很渺茫。

如果你是位探险家，
欢迎加入这场胜算很小却令人热血沸腾的战争！

独立思考的重要性
北海道牛奶手工皂

牛奶与
蔬果类

配方

橄榄油 20%（Olitalia，意大利）

玄米油 28%（Olitalia，意大利）

大豆油 20%

椰子油 10%（Kirkland Signature，菲律宾）

棕榈核仁油 20%（Lana，马来西亚）

蜂蜡 2%（自家提炼）

水：1 倍

皂化价与 INS 值，请参考 P.30 ~ 31

添加物：奶粉 5%、鲜牛奶 10% ~ 20%

香氛

椰子香精 0.5%（Bramble berry 香精公司）

甜橙与芒果香精 2%（Givaudan 香精公司）

牛奶香精 1%（Givaudan 香精公司）

工具准备与制皂步骤

请参考 P.61 ~ 69。

调香描述

乳制品入皂后，蛋白质会被碱性给破坏掉，就算低温也一样。碱不会因物质对象的高低温而改变其特性，反而是多数的添加物会因碱而改变自身结构，产生难闻的腥臭味。

所以，我大量采用香精来掩盖令人不悦的气息，使之转变为南洋风情，如同看见可爱的鸡蛋花与蔚蓝的珊瑚海相依偎，夏威夷的四弦琴和草裙舞交织出美丽的假期。

注意事项

1. 牛奶请在皂液呈浓稠（Trace，请参考 P.267）的状态后加入。

2. 牛奶倒入皂液里会发热且让皂液变得更加浓稠，请尽快操作完毕以入模保温。

3. 牛奶是拿来喝的，它的内服营养价值绝对比外用来的高。

4. 家事皂不会因为加了牛奶而变滋润，马赛皂也不会因为不加牛奶而变得不滋润。决定一块香皂滋润性的，是软油和硬油的比例，而非外来少许添加物。

在国外，我选择的饮品除了自来水外，还有两种：第一是各式酒精类饮品。但我也不是很爱喝酒，只是在欧洲用餐前必须点个饮料，又因为酒比水便宜（廉价红酒 1 欧元，廉价水 2.5 欧元），所以我多会点酒，纯粹解渴而已。

再来便是牛奶了。小时候我有喝牛奶的习惯，通常都在学校福利社购买，因为跟外面商店的价差很大，我一直以为是因为学生没钱，所以造福大家以优惠价格销售，就这样喝了好几年。

直到有次福利社牛奶缺货，不得不购买外面商店的同一品牌牛奶来喝，结果喝下去后我很错愕，外包装是我常喝的牌子，名字也一样，但两者口感上差太多了。外面的牛奶又香又浓，福利社的好像加了水一样被稀释了，这才发现牛奶的原味。

这个冲击，对才小学二年级的我影响非常大（到了今天，我还是认为一分价钱一分货，没有性价比这档事）。我的嗅觉比味觉好，我无法分辨面包的种类与好吃在哪里，也无法分辨池上米与喂鸽子的米差别在哪里，所以说我一旦吃得出差异性，那判断就绝对不会错。

就这样，我常常带着质疑去看事情，除非货比三家，否则不轻易下结论。绝对不人云亦云，凡事要独立思考后再去面对这个复杂的世界。

欧洲的牛奶普遍是保久乳（常温奶），口感偏甜，对于保存日期竟然那么长我十分在意。我也在国王湖（Königssee）的牛奶小屋（Fischunkelalm）喝过现挤的牛奶，虽说保证新鲜，但夹杂的腥臭味让我至今难忘。

目前个人偏好北海道任何品牌的牛奶，原因无他，因为不浓不香不纯，真实的牛奶味本应如此。

我曾与光泉牛奶的高管聊过，他问我，牛奶应该要好喝吗？我回他："不然要难喝喔？"他继续说："牛奶一年四季哪一季最好喝？"我回他："不知道，这很主观啊！"他便开始分析整个产业给我听。

台湾的夏天很热，牛奶市场的需求量大，常常供不应求且动不动就涨价。所以在夏季是旺季，乳牛要不断地生产来满足这个市场，在此状况下生产的牛奶会好喝吗？反而在冬季，市场需求量小，乳牛可以得到适当休息，品质自然会好一点。

所以说，牛奶应该要有时好喝、有时难喝才对。这也让我想起，村上春树《日出国的工厂》书中写的，作为牛的一生还挺悲惨的。

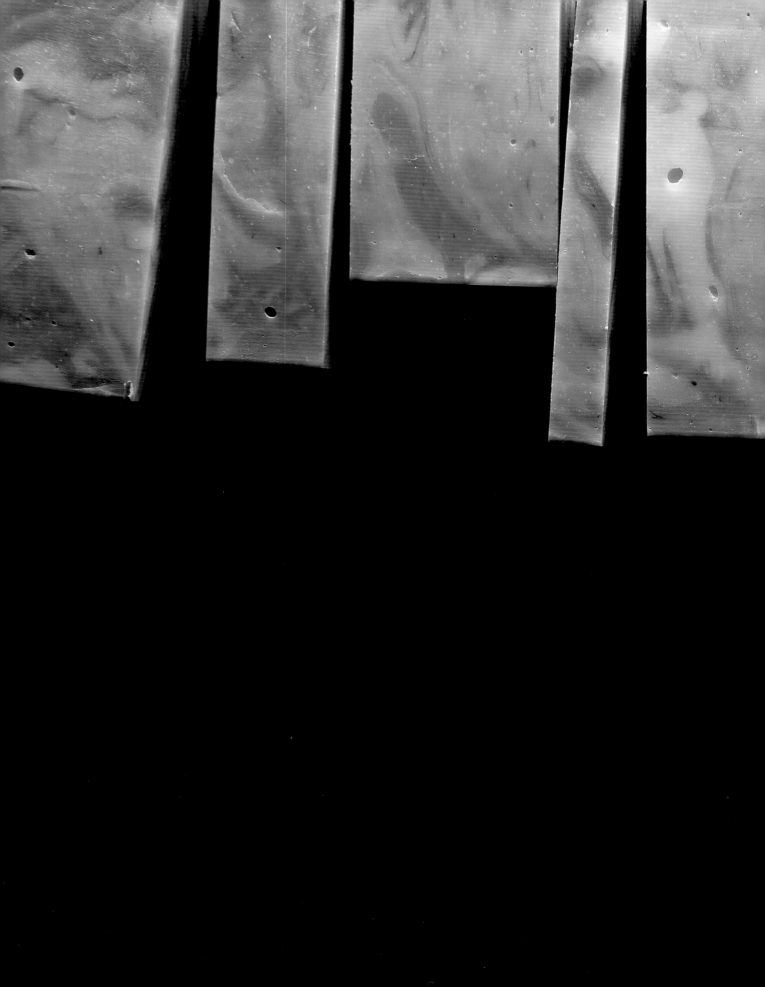

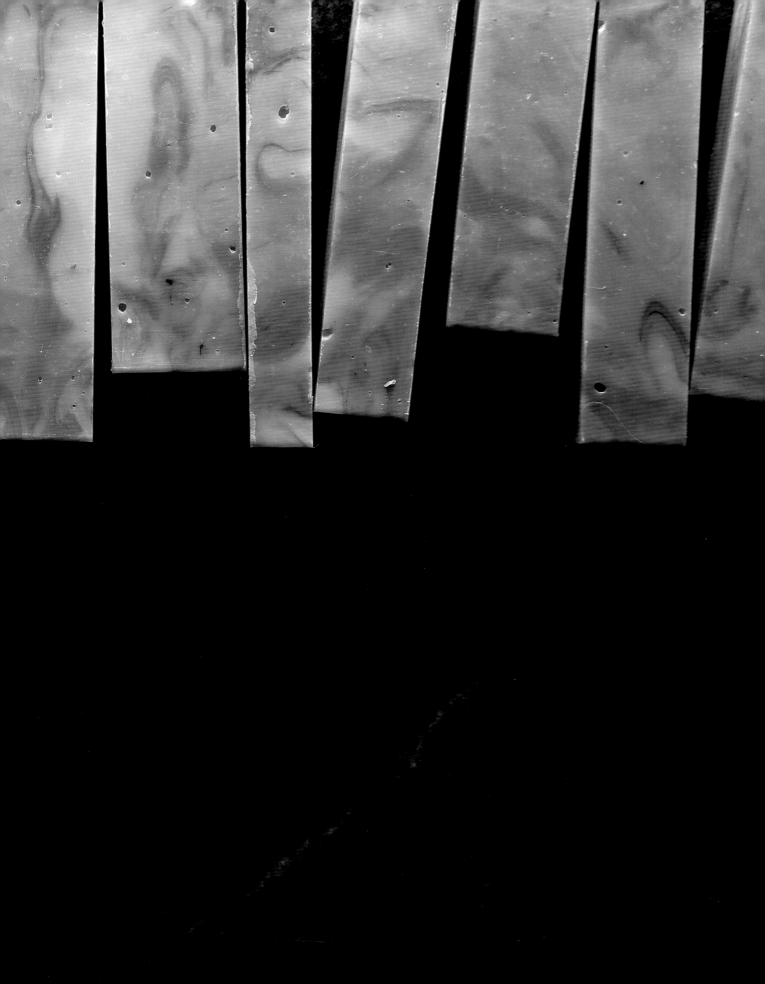

神秘无形的不朽之物
小黄瓜清凉镇定手工皂

牛奶与蔬果类

配方

橄榄油 30%（Olioarte，土耳其）

棕榈油 15%（Carotino，马来西亚）

椰子油 15%（Kirkland Signature，菲律宾）

蜂蜡 2%（自家提炼）

未精制小麦胚芽油 8%（美国）

杏桃核仁油 30%（Spectrum，美国）

水：1 倍

皂化价与 INS 值，请参考 P.30 ～ 31

添加物：小黄瓜泥 10% ～ 20%（可将小黄瓜 100 克与纯水 100 克放进果汁机搅碎）、薄荷脑 1% ～ 5%（依个人承受度酌量添加）

香氛

小黄瓜香精 3%（Givaudan）

薄荷精油 1%

冬青木精油 2%（尼泊尔）

工具准备与制皂步骤

请参考 P.61 ～ 69。

调香描述

冬青木的香气非常类似我小时候吃过的 "Play Gum 飞垒口香糖"，充满着人工合成水果香精的味道，这种独特的嗅觉与记忆连接，纵使化成灰我都无法忘怀，那广告语好像是说："飞垒口香糖，可以吹好大的泡泡喔！"

这倒是真的，比吹泡泡大小的话，青箭牌口香糖完败。说到"青箭"就会让人想到薄荷香味，那是种具有强烈清凉感与穿透力的味道。

两者结合后，便成就了夏季香氛的最佳组合，当然，如果加点花草调的香料进去，味道会更好。

注意事项

1. 尽量避免用氧化速度快的蔬菜。
2. 操作蜂蜡时温度会在 70℃左右，请注意安全，全程使用护目镜与耐热手套。
3. 建议先升油温使蜂蜡熔化后，再进行碱水的调制作业，这样的时间安排会比较合理。
4. 蜂蜡不可加过量，否则会造成肌肤的紧绷感，以 8% 为上限。
5. 小黄瓜泥不要打太细，保留部分绿色纤维，可在皂体表面起装饰作用。

我记忆中的童年，约莫是在 1978 年，那个年代的人们并不聪明但也不会太坏。我住在台北的左岸，它有个日本名字叫作三重，我家住的是木造平房，点的是要旋转开关才能有黄色光线的小灯泡。

因为离淡水河很近，我时常会在河边抓鱼玩乐。当时并没有很高的堤防，所以可以清楚地看到对岸那一栋栋高耸的水泥大楼，夜晚则会散发出五颜六色的灯光，童年的我时常看着对岸发呆，幻想那里是不是大型的游乐场。

住在左岸河边的人们多半从事劳力工作，我印象中的男人们，大多是光着上身，脖子上围着脏兮兮的毛巾，正在清洗刚剥下来的牛皮，或是做染色、整烫等重劳力与高污染的工作。他们身上永远是染料的颜色，大多为深浅咖啡色，每次我去河边抓鱼，经过这一区总会闻到腐臭的牛皮味伴随化学药品的味道，这种令人作呕的"臭味"，深深烙印在我最初的童年记忆里。

不远处是红灯区，许多美丽的姐姐都会站在红色灯泡下，笑嘻嘻地跟我打招呼，空气中飘溢着各式花香与胭脂味。或许这也是我最早接触到的香气吧！

我问过父亲一件事："为什么灯泡要用红色的纸包起来呢？"父亲回答我说："就像水果摊上的灯泡也是红色的，是为了让水果看起来更鲜艳、更好吃，这样客人才会买。"经过父亲的解释我才明白，这背后隐藏有大大的学问。

我家对面有块空地，小时候常与同伴在那里玩捉迷藏，时常能捡到注射筒（后来我才知道那和某种毒品有关）。还有一种用塑胶袋装着的黄色黏稠状的不明物体，它散发出强烈的刺鼻味甚至有令人晕眩的感觉，原来这叫作强力胶。这也是我和有机溶剂的第一次接触。

有时候，我会回到出生的地方看看，现在那里已盖起一栋栋大楼，并被包装成了"河景第一排"的豪宅。说来讽刺，在 40 年前，我童年所住的地方，它原来是被叫作"贫民区"的，有着台湾最底层的人文与风景，我是看着它长大的。日子不好过但总是要过，在里头生存的人，有着各种对抗现实的方法，辛苦并美丽地活着。

每一个味道都来自于记忆的连接，这是一种神秘无形的不朽之物。

化繁为简是王道
柠檬蜂蜜手工皂

配方

橄榄油 23%（Olioarte，土耳其）

棕榈油 25%（Carotino，马来西亚）

椰子油 15%（Kirkland Signature，菲律宾）

蜂蜡 2%（自家提炼）

未精制南瓜籽油 15%（美国）

花生油 20%

水：1 倍

皂化价与 INS 值，请参考 P.30 ~ 31

添加物：柠檬汁 5% ~ 10%、柠檬皮适量（装饰用）、蜂蜜 3%

香氛

柠檬精油 1%（南非）

莱姆精油 1%（西班牙）

芫荽精油 0.5%（日本）

山苍子精油 0.5%

香茅精油 0.5%

苦橙精油 0.5%（匈牙利）

工具准备与制皂步骤

请参考 P.61 ~ 69。

调香描述

柠檬有一种清澈感，但气味偏酸且没有层次，用气质甜美优雅的莱姆进行互补，再以芫荽与香茅为中调，目的是带出药草味。苦橙则拥有深且具厚度的底调，不会让前中后调的气息快速挥发。整体搭配能从一般水果类香氛的单调气息中脱颖而出，虽不具备香水的效果，但作为芳香按摩油或手工皂，能使人舒缓放松。

我的女友是台湾大学植物病虫害系毕业的，我曾问她说："植物病虫害可以换成病虫害植物吗？"她想了一下，回答我说："基本上可以！"也就是说，你要成为别人眼中拥有高深学问的人，可能必须要把简单的东西复杂化，并特意让一般人听不懂。植物病虫害系在早年分为病理组与昆虫组，我女友在昆虫组，简单来说就是去野外捕捉昆虫，回实验室"杀害"并研究它们为何要去害植物等相关课题。所以，她对于各种昆虫都有专业的研究，从外形到器官。从我开始做皂起，她常会帮我想一些没有用的馊主意，例如："人家都做有造型的皂，我们的皂永远是四方形的，而且还切得歪歪的，难怪卖不掉……"当时我也没敢还嘴，因为确实没赚到钱。后来又有一次，她竟问我蜂蜜可以入皂吗？我不禁想起 1997 年那个"跟着买"经典蜂王乳（请参考 P.179）的故事……

跟着买
小太阳的甜橙手工皂

配方

橄榄油 38%（Gianfilippo，意大利西西里岛）

橘色棕榈油 35%（Carotino，马来西亚）

椰子油 15%（Kirkland Signature，菲律宾）

蜂蜡 2%（自家提炼）

未精制小麦胚芽油 10%（美国）

水：1 倍

皂化价与 INS 值，请参考 P.30 ~ 31

添加物：柳橙皮适量、柳橙汁 3%

香氛

甜橙精油 3%（美国加州）

甜橙与芒果香精 2%（Givaudan 香精公司）

调香描述

充满明亮、甜美而清新的气味，虽然单调却很讨人喜欢。香氛材料价格便宜，适合初学者学习。

工具准备与制皂步骤

请参考 P.61 ~ 69。

注意事项

1. 尽量避免用氧化速度快的水果。

2. 操作蜂蜡时温度会在 70℃左右，请注意安全，全程使用护目镜与耐热手套。

3. 建议先升油温使蜂蜡熔化后，再进行碱水的调制作业，这样的时间安排会比较合理。

4. 蜂蜡不可加过量，否则会造成肌肤的紧绷感，以 8% 为上限。

我年轻时曾在淡水的琉璃工房工作过两年，在深山里工作的那些日子是我特别难忘的回忆。每天从出租房往工房的路上，被绿油油的森林包围，阳光穿透树叶洒上我的脸庞，看到如此美好的景色，心情能不好吗？再加上从事的工作跟美有关，与同事间也相处和睦，我还曾考虑过人生就在此定居。

春天樱花盛开时，我与同事相约到工房后山的天元宫用餐，在粉红色的落樱下再难吃的食物也会变美味，就像在埃菲尔铁塔旁的旋转木马边，就算吃着头天剩下的干扁面包与白开水也很快乐。

天元宫有座龙池井能提供饮用水，常可见排队的老人家提着汽油桶来装水。这水对我们来说，只用来漱口或洗餐具，因为石灰质含量高，并不顺口，没有好喝到要排队的地步。

我对于眼前的景象一头雾水，便问其中一位老伯："您为什么要来装水啊？是泡茶用的吗？"只见老伯腼腆地笑着说："我也不知道，看别人排队我也跟着排啊！"我不死心，再问排在老伯前面的阿姨一样的问题，答案竟然一模一样……

回想起那时，我又好气又好笑，突然很想把我的品牌改名为"跟着买"经典手工香皂，听起来多威风啊！

当时距离天元宫步行约 10 分钟的地方，有个破烂铁皮屋（现已改建为 3 层的豪华透天厝），至少有 4 辆高级进口车停在门口，走出来的人无一不是衣冠楚楚，共通点都是手上拎着战利品。

我们走近一看，原来是在卖蜂蜜，而他们手提的纸袋上写着"蜂王乳"，我当时心想，这蜂王乳难道比蜂蜜好吃吗？

因为好奇我走入店中，店主夫妻很热情地款待我们，并泡制冰凉的龙眼蜜水请我们喝。我直接询问老板："外面那些开黑头车的人，怎么买的是蜂王乳，一般不是都吃蜂蜜吗？"

老板直接告诉我："因为要养生啊！你不知道吃蜂王乳的蜜蜂可以活 1 ~ 3 年吗？"我又问："那吃蜂蜜的蜜蜂可以活多久？"老板肯定地说："最多 30 天……"

3 年与 30 天，也差太多了吧！我看着手上的杯子，装着不知被稀释了几百倍的龙眼蜜水，突然有些悲哀，从蜜蜂这种不起眼的小虫子联想到人类……

离开后，才发现不知道店名，因为外头没挂招牌，我心想，应该是叫作"跟着买"经典蜂王乳吧！

我读美术学校时，高二面临分组的问题，

我不确定要去西画组还是国画组。

所以，我尝试两种都画画看。

在试着画水墨画时，

不管如何努力，毛笔总是拿不好，

墨水永远蘸太多而毁了一张宣纸。

然后，我试着画油画，

没想到就一路画画到现在。

只是，台湾并不需要画家。

我在想，其实，

并不是我想从事手工皂这个行业，

而是，手工皂选择了我。

When studying in an art school,
I had to choose between two painting groups… western vs.
oriental.
I wasn't sure where I was bound to, so I tried both.
It didn't work well on my ink wash painting.
I could not master the ink and the brush, no matter how hard I
tried.
Then I turned to oil painting,
unexpectedly I painted non-stop ever since.
Sadly there was no room for painters in Taiwan.
I later realized that it is not I
who chose the art of handmade soap as a career.
The soap has chosen me.

植物粉与矿物粉系列

所有关于手工皂的颜色运用都离不开粉类。

一家服装店如果全部都卖白色的衣服，
我们很难想象，会是什么光景。
手工皂也一样，有点颜色总是比较讨人喜欢的，
对家人和消费者都一样。

植物粉有香气、有功效，但定色力差，
而矿物粉定色力强却无香气。

如何扬长避短，使作品色香俱全，
这就是做手工皂最有趣的地方。

厌世中如何求生
澳洲红矿土手工皂

植物粉与
矿物粉类

配方

橄榄油 40%（La Tourangelle，法国）

棕榈油 15%（Carotino，马来西亚）

椰子油 20%（Kirkland Signature，菲律宾）

甜杏仁油 15%（La Tourangelle，法国）

榛果油 10%（德国）

水：2 倍

皂化价与 INS 值，请参考 P.30 ~ 31

添加物：澳洲红矿土 1% ~ 5% 与纯水 1% ~ 5% 混合

香氛

燕麦与矢车菊香精 3%（Symrise 香精公司）

克什米尔毛料香精 0.5%（Symrise 香精公司）

龙涎香香精 0.5%（Firmenich 香精公司）

臭氧调香精 1%（Firmenich 香精公司）

工具准备与制皂步骤

请参考 P.61 ~ 69。

调香描述

当年出书的时候，两家出版社都希望书中不要出现"香精"这两个字，避免给人负面的印象。我也曾在课堂上被染着大金发的同学质疑，说我使用香精教学，不符合"天然"两个字。

但是我想要说明的是，"天然"的定义是天生自然，就像是雨水、阳光、空气、树木、动物、昆虫等，不经人类后天加工。而"化学"的定义是变化的科学，像是把小麦研磨成面粉，加上水后变面团，最后烘焙变成面包；薰衣草也要经过蒸馏加工后才会变成薰衣草精油；天上也不会凭空掉下来一块手工皂，要经过加工才会出现。

只要经过加工，即会变成"变化的科学"，就像一加一等于二，那个"二"就是化学，就是这么简单。此外，每当我们紧张时脸会红、心跳会加速、手会出汗等，这样的情形被称为"化学反应"，这是我们从小就知道的。

长大后，在厂商的洗脑教育下，"化学"背上了负面的原罪，"天然"两个字变成行销上的显学，买与卖之间，竟可随便附会其定义。人在宣传面前，有时单纯到令人惊讶。

通常我不会解释太多，但对于师资认证班的学生就必须引导正确的观念，毕竟这些人是未来的老师或老板，多懂一点的话总是好的。

对了！我也染着大金发喔！

自从和出版社签约之后，我有四个月的时间可以写书与制作首次印刷的赠品手工皂。但如果按照往例，一页是手工皂的照片，一页是讲述制作过程，和我前两本书没有两样，这是一种没有新意的行为。所以我决定以另一种方式来诠释，书写这些年来我走过的路及遇到的人、事、物。

这个难度会高一点，且需要灵感与查证，有时文思泉涌，有时灵感枯竭，导致交稿时间不断拖延。再加上我习惯以手写，再交给文字整理珮宸小姐润稿后打成电子档转传云端，就更延迟了交稿时间。

我不得不利用许多工作时间，强迫自己写书，现在我正在文化大学推广部大新馆写这篇文章。会议室里有许多大师正在演讲，我在外头推广今年度的手工皂课程，顺便写稿。

这次学校办的讲座主题是"厌世中如何求生 × 学习教育讲座"，邀请了心灵成长领域的讲师。

"厌世"这个词，我想大概是指在一成不变的生活中变得麻痹，对于现状无法做出改变吧！对我而言，日复一日的打皂生活不会让我厌世，做皂过程可是十分有趣且有疗愈效果的。

我把做皂的过程分成几个大项：

1. 研发：设计配方、计算成本、采购素材、赋予皂使用定义（使用者或销售者）。
2. 制作：量油、混合、注模、保温、脱模、切皂、熟成。
3. 包装：质感设计、采购素材、成本计算。

以这 3 个大项来看，有许多事情是做不完的，尤其是研发。有时我们的理论跟消费者使用后的实际情况是截然不同的，事后都需要做修正，大多的问题是香气不足或不喜欢这种香气、皂体软烂、泡沫不足等。

消费者常会以市售热制皂标准去看待冷制皂，就像消费者喜欢买各大品牌的香水，却不晓得里面装的是什么，可能想着装的是天然精油吧。

在这些项目之中，我最讨厌的就是包装。我曾认为如果东西够好，为什么要借助包装来提升自己的身价呢？但这几年下来，我发现包装也是蛮重要的。

我做皂是拿来卖的，不是供在神明桌上拜的，不包装的话，很难和其他品牌的手工皂竞争。就像我出了这本关于打皂人生的"回忆录"，首次印刷送了赠品皂希望吸引读者买单一样，因为出版社在我的种种高规格制作要求之下有成本压力，我也有"票房"压力，总要做点什么吸引大家才好。书最终也是拿来卖的，而不是让我带进棺材烧的。

我教授手工皂课程十几年，总是觉得生活充满趣味，如果你有厌世的感觉，也欢迎来文化大学推广部找我聊聊。

注意事项

1. 红矿土染色与定色效果优异，切记斟酌使用，免得皂体干裂。
2. 市售的红矿土有深浅等多种颜色，建议直接买最深色的，回家自己调。
3. 如果做浸泡油系列的皂，不要加红矿土，免得颜色走样。

我是职人不是艺人
死海矿泥手工皂

植物粉与
矿物粉类

配方

橄榄油 20%（A L'Olivier，法国）

棕榈油 12%（Carotino，马来西亚）

椰子油 18%（Kirkland Signature，菲律宾）

葡萄籽油 22%（意大利）

玉米油 20%

未精制可可脂 8%（马来西亚）

水：2 倍

皂化价与 INS 值，请参考 P.30 ~ 31

添加物：死海矿泥粉 1% ~ 4% 与纯水 1% ~ 4% 混合

香氛

咖啡香精（水溶性）1%（Symrise 香精公司）

番石榴香精（水溶性）3%（Firmenich 香精公司）

乳香精油 0.5%（埃及）

安息香精油 0.5%（印度尼西亚）

工具准备与制皂步骤

请参考 P.61 ~ 69。

调香描述

死海位于以色列、约旦和巴勒斯坦交界处，离我们很遥远，连香气也无法直接联想。因湖水盐度极高，使鱼类无法生存，故称"死海"。我试着不迷失于背景与故事，去调出一个幻想中的天涯国度应有的香味。

我使用了阿拉伯国家常用的香料乳香为底调，再加上南洋产的安息香精油，这两者的结合足够描绘出遥远国度的轮廓了，最后补上水果类的香料，让画面更热闹，再以人们熟悉的咖啡香料，构成微微诱惑的熟悉感，就这样，完成了一个具有强烈画面感的香气。

注意事项

1. 死海矿泥粉加太多会使皂变成深黑色，请斟酌的使用。

2. 死海矿泥粉加太多恐使皂体碎裂，请谨慎操作。

在 8 年前，我同时出了两本书[注1]，也在同年 4 月展开新书宣传活动。当时的我并不知道只是出了本"工具书"，竟然接到许多电视、电台、报刊的邀约。对于这个生态圈我很陌生，但对于新的事物，如果我做得到也乐意配合，就这样开始了意想不到的旅程。

在经过了多次与媒体的应对后，我比较喜欢先了解对方要什么，而我又能给什么，这样彼此也相对好配合些。就像找我代工的厂商，我都会先问他在哪里销售，是百货公司呢，还是自有店面或电子商务等，而终端售价大概会是哪种价位，我好配合对方的情况设计香皂。宣传也是，当我了解宣传目的并非以我为主，而是各取所需，也比较不会迷失自己。

就这样，我人生第一次上电视[注2]，主持人是傅娟小姐，她开头的第一句话是："小石老师，你为什么会投入手工皂这个行业呢？"我不假思索地在摄影机镜头前说："为了赚钱！"

本来很多人都告诉我，要讲爱护地球或家人皮肤有问题之类的话，但我还是选择说了实话。而傅娟小姐竟然还很正经地追问："能赚多少钱？"而我依然带着"千山我独行，不必相送"的语气回答她说："能赚很多钱。"

那个节目原本是要谈"健康小常识"之类的话题，没想到变成了聊女性保养品的成本是多少，市场定价又要定多少等话题；接着我又现场示范制作护唇膏，告诉她 5 分钟可以做很多支，再以每支 100 元定价。现在大家都知道为什么开头我会说可以赚很多钱了吧。

我的人生荧屏初体验就在如此欢乐的气氛下开始了，后来陆续上了侯昌明夫妻[注3]、林书炜[注4]、黎明柔[注5]等的节目，我都乐在其中，既能表演自己擅长的事情，又能说实话，在拿到报酬后就更开心。

但日子久了，总觉得不太踏实，我的战场应该是在制作手工皂与教学这门技艺上才对，而不是在五光十色的环境下生存。

我是职人，不是艺人，在确定好我的热情应该放在何处之后，随即我便推掉了所有的宣传工作。年轻的时候我们都在追求与众不同，成熟之后却都在迷恋平庸事物。很庆幸的是，我还有值得等待、值得寻求的东西。

最后，介绍给大家一首我很喜欢的老歌歌词，是由电台司令（Radiohead）演唱的 *Creep*：

When you were here before 当你曾出现在这里时
Couldn't look you in the eye 不敢直视你的双眼
You're just like an angel 你就像天使
Your skin makes me cry 你的美丽令我窒息
You float like a feather 你如羽毛般飘落而下
In a beautiful world 在这个华丽的世界

And I wish I was special 我多希望自己真是与众不同的
You're so fuckin' special 你却那么该死地特别

But I'm a creep, I'm a weirdo 但我只是一个懦夫，只是一个怪人
What the hell am I doing here 天啊我究竟在这儿做什么
I don't belong here 我本不属于这里
I don't belong here 我与这里本就格格不入

注 1 |
我的第一件贴身手工皂
（台视文化，2010 年出版）
3 步骤做顶级天然保养品
（采实文化，2010 年出版）
注 2 |
人间卫视《生活大不同》
注 3 |
八大电视《生活一级棒》
注 4 |
人间卫视《乐活在人间》
注 5 |
台北之音《台北非常 DJ》

冥冥之中好像注定的一样
马蓝手工皂

配方

橄榄油 30%

（huilerie emile noel s.a.a，法国）

棕榈油 15%（Carotino，马来西亚）

椰子油 15%（Kirkland Signature，菲律宾）

开心果油 15%（La Tourangelle，法国）

核桃油 15%（Saveurs de Lapalisse，法国）

精制乳油木果脂 10%（加纳）

水：2 倍

皂化价与 INS 值，请参考 P.30 ~ 31

添加物：特选一级马蓝粉 5% 与纯水 5% 混合

香氛

英国梨与小苍兰香精 1%（Symrise 香精公司）

琥珀香精 0.5%（Firmenich 香精公司）

灵猫麝香香精 1%（Symrise 香精公司）

丝柏精油 0.5%（美国）

调香描述

以灵猫麝香与琥珀作为定香，呈现黏稠、浓郁的底调，接下来再使用许多轻盈的香味带出对比性，例如选用带有森林清新气息的丝柏、具有强烈文青气息的英国梨与小苍兰。此款当作中性香水非常适合，入皂后定香很强，半年后还是个"老文青"。

工具准备与制皂步骤

请参考 P.61 ~ 69。

注意事项

1. 马蓝可将布染蓝，但用来做皂要变成蓝色很难，除非加了色素。

2. 马蓝原料 1 克差不多是 1 元，对染布来讲很贵，但对做皂而言很便宜。

3. 马蓝加水混合后，将一块白布打个结丢入水中染色 10 分钟，拿起后用碱性手工皂搓洗定色再晾干，即成扎染，这是法国老师 Nicole Lamarche 教我的[注1]。

我的女友在大学里的寒假作业，是把教授派发给同学的蜂箱与蜜蜂，在开学后完整归还给他。教授会注意蜜蜂的存活率，但蜜蜂在冬季不好养，百花凋零让蜜蜂的食物来源短缺。

这门课学分很重要，但寒假一到同学们纷纷返乡回家，无心照顾自己的蜜蜂（或根本不在意它们的死活，任其自生自灭），只想着在开学前再去养蜂场买些蜜蜂回来给教授检查。

但是，我的女友舍不得她那一箱4万只的小蜜蜂饿死，照顾它们临到过年才赶回家乡。

我问她："蜜蜂冬天都怎么过生活？"她说："它们一样会飞出去找花果采蜜，但如果遇到寒流会冻死。在外头一直找不到食物，也有可能会迷路或因体力不支而死亡。"

我问起照顾方式。她说："很简单！买砂糖放在蜂箱门口，它自己就会出来取。"我才赫然发现，那所谓的冬蜜可不就是砂糖蜜？只见她推了推鼻梁上的眼镜，告诉我基本上可以这么说。

我担心隔壁蜂箱里的蜜蜂会过来抢食。她告诉我不用担心，蜜蜂的群聚效应很强，门口有排警卫，不认识不让进门，所以隔壁没人照顾的蜜蜂，只能眼巴巴看着她养的蜜蜂吃得饱饱的。

她有点抱歉地说："学生时代没钱，能力有限，最初只能照顾自家的蜜蜂，但看着其他二三十箱蜜蜂陆续死亡，良心过意不去，最后还是去借钱买大包装（25千克）的砂糖来喂食，想着等开学后再跟同学收钱。"

就这样，寒假过去了，同学们陆续返校，准备清理蜂箱内的死尸时才发现蜜蜂都活得好好的，还变胖不少。这时女友就拿着计算机来要钱了，同学们不但感谢她大爱的精神，还多给了她一点工钱。

我一度认真想过，如果手工皂再卖不掉的话，干脆去淡水那家"跟着买"经典蜂王乳（请参考P.179）当学徒好了。

当年我家内湖的房子被拍卖掉，父母也离婚了，我与母亲只好搬家，边还银行贷款边面对未来的不确定性。那年我还不到30岁，忽然发现自己其实没有想象中的勇敢，非常恐惧。

后来我重回淡水那家养蜂场，原本的破烂铁皮屋已经不见，变成三层楼的透天厝，也挂上大大的招牌，上面写着"兴旺养蜂场"。老板一家人还记得我并与我相谈甚欢，我也告诉他们自己正在经营手工皂事业，并鼓起勇气询问："请问蜂蜜可以入皂吗？"

就这样，13年来我使用他们家的蜂蜜与蜂蜡入皂，直到今日。在我们文化大学推广部的手工皂师资班，兴旺养蜂场也列为校外参访的主要行程。有许多东西冥冥之中好像注定的一样，总在不远处等着与你重逢。

注1 |
Nicole Lamarche
法国服装时尚设计师
植物手染艺术家
台北艺术村驻村艺术家

横山和泉的职人精神
艾草平安皂

配方

橄榄油 30%（Pina，土耳其）

棕榈油 15%（Carotino，马来西亚）

椰子油 20%（Kirkland Signature，菲律宾）

椿油 15%（大岛椿，日本）

苦茶油 10%（自家提炼）

马油 10%（横关油脂工业株式会社，日本）

水：1.5 倍

皂化价与 INS 值，请参考 P.30 ~ 31

添加物: 艾草粉 2%、艾草绒粉 1%、
雄黄粉 1%

香氛

抹茶香精 1%（IFF 香精公司）

绿茶香精 0.5%（IFF 香精公司）

檀香精油 1%（印度）

广藿香精油 1%

姜黄精油 0.5%（印度）

松木精油 1%（自家蒸馏）

桧木精油 0.5%（自家蒸馏）

工具准备与制皂步骤

请参考 P.61 ~ 69。

调香描述

在宗教仪式上所使用的香气，会往严肃庄重感方向去调配，所以，我大量使用树皮类的香料作为风格上的彰显。有时候香氛只是配角，它存在于一种不动声色的平衡中，或许只是擦肩而过，或许只是在社交寒暄时散发，让自己与他人的心越来越澄澈，进而产生连接。

注意事项

1. 不是看起来是绿色的粉类都可入皂，它们大多会因碱性而变成咖啡色，所以要多多测试不同的素材来验证。

2. 艾草粉的颗粒是细的，艾草绒粉是粗的，两者都要冷藏存放。

3. 这种皂特别受市场欢迎。

我有一位日本学生叫横山和泉，出生在京都，年纪三十出头。她很瘦，眼睛很大，很漂亮，个性很特别，我认识的日本人里没有一个像她，除了礼貌之外。

她在泰国待了三年，主要从事齿模师与英文家教的工作。有次在泰国街上看到雕刻香皂的工艺，便兴起学皂的念头，辗转来到台湾，报名了文化大学推广部的手工皂师资班。

学校事前告知，说有位日本学生不会说中文，看我能否请位日文翻译，我的助教群人才济济，连会阿拉伯文的也有。在此也很感谢爱美丽老师、子伦与宓亲全程陪同参与翻译工作。

不过，校方并没有告知我她想学的是"雕刻香皂"，所以跟她的相遇，完全是一场美丽的误会。

在第一堂课之后，她便准备要办理退费了。这是当然，她要的我不会，我会的她不一定想要。我则是劝说她，要不要第二堂再退费，反正都是全额退费，何不多上一堂呢？她转动着大眼睛，说想想也是，所以第二周还是准时来上课了。

我的第一堂课是熔化＆入模速成皂（MP皂），会这么安排是因为这对初学者来讲意义重大，会觉得"原来手工皂并不难，我做的跟老师做的竟然一模一样"。因为容易上手而产生成就感与自信心，进而有兴趣一路走下去。

但是，对于会做皂的人来讲，这太过简单，会留下这么简单还要花那么多钱来学的坏印象，我想横山小姐应该也是这么想的吧！直到第二堂课，正式进入冷制皂（CP皂）的主题，她才开始有兴趣，发现原来手工皂是我们吃的食用油变成的，进而一路上到结业并通过考试，取得证书。

这对中国人来说都很难了（有学科、术科、口试、课后作业等），更别提外国人了！我们的师资班并非100％合格率，不通过就补考，再不行就淘汰，十分严格。

期中考试我们有口试，主要是训练同学的表达能力与台风，毕竟将来是准备要当老师或老板的，总不能不会讲话吧！

因为她是外国人，所以我请她用母语讲就好，会有助教帮忙口译，但她坚持要自己上台说中文。她告诉我，这些日子以来，班上同学都很帮她，她不知道该如何回报，只能用这种方式谢谢大家，还在学校报了短期的中文课程。

上台前，她生怕同学们听不懂她在说什么，所以先发给全班她的演讲稿，发给我的则是她用手写的原稿。她在台上双手颤抖拿着演讲稿，一字一句努力念着稿子上的内容，声音不大，但很有存在感。

不出所料，全班40多人，没人听得懂她在说什么。演讲稿其实不长，但她讲了10分钟，我看见全班至少一半的同学，眼中都泛着泪光并很有耐心地听她讲完。

在横山同学讲完后，全班响起如雷掌声，大家走上台与她拥抱。大家都很感动。同学们看见了什么我不知道，但我看到的，是来自京都不服输的职人精神……

大家好!

我是横山和泉。

日本話是 "YOKOYAMA IZUMI"

我出生在京都、京都是日本古代的首都。

我從幼稚園開始到高中一直學画畫跟書法、所以大學進入設計學院、專攻建築設計。

畢業以後取得齒模技師的証照、從事牙齒矯正、製作牙齒模型的工作。因為做齒型彫刻、所以對彫刻有興趣、在泰國工作時、也去學習蔬菜、水果及肥皂的正綜雕刻工法一年。中華料理中果雕也是很有名、很泰國的果雕不同的是只要1支刀子就夠了。這跟我小時候一直喜歡動手做東西從無到有的理想一樣。

在日本販賣香皂目前規定很嚴格、沒有任何証照是無法販售手工皂的、所以我想先取得手工皂教師資格。

我想在台灣先奠定好手工皂的基礎及了解
協會規則、以後才能自在的發展。以前常常來台灣
玩、曾經買過中藥的手工皂、因此就想要自己做。
後來上了石老師的課、發現大家都超認真、受到
很大刺激、覺得自己什麼都不懂、就貿然來台灣
上課、有些後悔了。上課時候除了知識以外、
也交流台灣與日本的差異性、總讓時間過得
充實。因為有愛美麗的翻譯、我在台灣這一個
月都不太需要說中文。在台灣學的手工皂技法、
我會帶回日本做宣傳、並想要做台灣跟日本的
手工皂交流、因為語言的溝通也很重要、所以我
回日本後會去學中文、希望下次來台灣可以很老師
及大家說更多的話。今後我將會把手工皂跟皂
雕刻當成是我的工作之一、這次很感謝大家對
我的幫助及體貼、讓我帶著滿滿的收穫回
日本、希望我也能有機會為大家效勞。
　最後謝謝石老師及大家對我的照顧、也歡迎
大家來日本京都找找玩！祝大家身體健康！
萬事如意！
　　　　　　　　横山 和泉 敬上

对我来说，所谓的"手工皂"，
指的是靠双手制作出来的皂，
不借助任何插电工具辅助，连电灯也是。

所以，我的手工皂都是在户外完成的，
晴天有晴天的表情，阴天有阴天的气息。
我享受像是户外写生般的自由。

所以，
我知道每块皂诞生在什么季节、什么温度，
只是，我从来没有跟客户说过这件事。

My definition of a "handmade soap",
They are crafted solely by hands,
without the support of any electric gadgets.
No, not even the lights.
And so I make my soaps outdoors,
under the sun and the clouds.
Every moment is unique, be it sunny or rainy.
My inspiration blooms, like a carefree painter.
In the nature, my soaps are brought to life.
And so I recognize each and every one of them.
I know in which season they were born,
under what temperature they were created.
Something I've never told my customers.

个性创意系列

每个人都有属于自己的一片森林，
喜欢的人总是喜欢，讨厌的人终究讨厌。

所以，就让我们纯粹欣赏这些或张扬个性或吸引眼
球的创意手工皂吧！

敬那些珍贵的回忆
玉泉清酒手工皂

配方

橄榄油 20%（Olioarte，土耳其）

棕榈油 25%（Carotino，马来西亚）

椰子油 15%（Kirkland Signature，菲律宾）

人造蜂蜡 2%

精制白芝麻油 18%（竹本油脂，日本）

米糠油 20%（日本）

水：1 倍

皂化价与 INS 值，请参考 P.30 ~ 31

添加物：
台湾玉泉清酒 10% ~ 20%

香氛
台湾玉泉清酒 10% ~ 20%

工具准备与制皂步骤
请参考 P.61 ~ 69。

调香描述

酒精类香气通常不被女性喜欢与接受，但我觉得自己喜欢比较重要！

以酒入皂有几个前提，一是酒精浓度 10% 以下的酒不要入皂，我单纯觉得那不算酒，最多只能称为含有酒精的饮料。第二个前提是，通常酒精浓度决定香气的多寡。如果酒精浓度在 10% 以上，做皂建议添加 10% ~ 20%；浓度在 20% ~ 30%，添加 10%；浓度在 40% ~ 50%，建议当作精油使用，添加 1% ~ 5%。具体添加多少由自己斟酌，但须注意有时会加速皂化。

注意事项
1. 因为不想破坏颜色，所以使用白色的人造蜂蜡。
2. 操作人造蜂蜡时，温度会在 60 ~ 70℃，请注意安全，全程使用护目镜与耐热手套。
3. 建议先升油温使人造蜂蜡熔化后，再进行碱水的调制作业，这样的时间安排会比较合理。
4. 蜂蜡不可加过量，否则会造成肌肤的紧绷感，以 8% 为上限。
5. 酒精类液体入皂尽量使用料酒或平价酒，原因很简单，好的酒应该拿来喝，拿来入皂可惜了。

注 1 |
我的博客：catwalking1.pixnet.net/blog。

注 2 |
台湾大学旧高等农林学校作业室（矶永吉小屋）建于 1925 年，为台北帝国大学前身——台北高等农林学校实习农场最早期的建筑物，亦是台北帝国大学乃至台湾大学早期农业研究的重要基地。

注 3 |
台湾三宝为樟脑、茶叶、甘蔗。

为了写这篇文章，我特地找到自己的博客[注1]，找寻 2009 年到台湾大学教手工皂的回忆。

当年我应台湾大学农艺学系的邀请，到农场了解他们做的回锅油皂为何那么软烂。其实我心想这很正常啊！难道用"垃圾油"能做出精品级的皂？问题就出在原料未经过"纯化"（请参考 P.80 的纯化步骤），连同杂质也入皂了，后续问题当然也会跟着来。

我花了 5 分钟解决了这个问题，之后对方又问我，他们农场有自己栽种的茶树，而且也添购设备蒸馏其精油，并在鹿鸣广场旁的福利社销售，但不知为什么销量很差。此时，我的女友开口说话了，提议到福利社去看看，顺便买牛奶。

我们到了福利社，看到小小 30 毫升装的茶树精油，竟然卖台币 550 元（2009 年的售价），我马上说："这卖得太贵了，你们不是学术单位吗？"校方告诉我，因为产量很少才定这个价钱，产量很少不知道是选错品种还是蒸馏方式有问题。

我随后去查看他们的蒸馏设备，摆在我面前的是烧杯式的蒸馏萃取器，难怪出油量会少。我便告诉校方，这是实验用的，不是量产用的，如果要量产得购买其他设备。

工作结束后，我们逛到一处破烂的低矮木造平房，是台湾大学的种子研究室[注2]，女友骄傲地说："这是'蓬莱米'诞生的地方，是台湾原生种喔！"

我忽觉惭愧，吃了一辈子的米饭，却对历史与发源地如此无知。所以决定在手工皂课堂上，多增加台湾早期的农作物历史内容，告诉大家台湾靠着"三宝"[注3] 养活了我们的祖先，才有现在的我们。

我的手工皂课不完全是教授手工皂，更想拾回一个个珍贵的回忆，一个个对我们很重要，我们却已忘却的回忆。

金字塔之于考古学家
高粱酒手工皂

创意类

配方

橄榄油 20%（Ravika，土耳其）

棕榈油 25%（Carotino，马来西亚）

椰子油 15%（Dr.BRONNER，斯里兰卡）

芥花油 2%（日清，日本）

玉米油 18%（味之素，日本）

葵花籽油 20%（加拿大）

水：1.5 倍

皂化价与 INS 值，请参考 P.30 ~ 31

添加物：干燥酒曲（酒糟）研磨成细
粉 5%

香氛

38 度高粱酒 5% ~ 10%

工具准备与制皂步骤

请参考 P.61 ~ 69。

调香描述

酒精类香气通常不被女性喜欢与接受，但我觉得自己喜欢比较重要！

以酒入皂有几个前提，一是酒精浓度 10% 以下的酒不要入皂，我单纯觉得那不算酒，最多只能称为含有酒精的饮料。第二个前提是，通常酒精浓度决定香气的多寡。如果酒精浓度在 10% 以上，做皂建议添加 10% ~ 20%；浓度在 20% ~ 30%，添加 10%；浓度在 40% ~ 50%，建议当作精油使用，浓度 1% ~ 5%。具体添加多少由自己斟酌，但须注意有时会加速皂化。

注意事项

1. 此酒会加速皂化，请谨慎操作。

2. 酒精类液体入皂请尽量使用料酒或平价酒，例如 38 度高粱酒拿来做皂，酒香半世纪的 58 度高粱酒则用来细细品味。

3. 不可使用湿度太高的酒曲入皂，会使皂体酸败的概率增加。

2010 年的一个晚上，我在文化大学推广部（中和分部）上课时接到一个电话，对方自称是与金门酒厂有关系的神秘客，但我怀疑他真实的身份应该是位掮客。当时他告诉我制作高粱酒的许多小故事。

他说，全世界最适合种植高粱的只有两个地方，一个是中国台湾金门，一个是美国田纳西州。他说农家在收割完高粱后会把它们铺在坦克车行经的道路上，等坦克车碾过去后高粱果实就会与根茎叶分离，再拿扫把去马路上将果实收集起来，送交酒厂来制酒。

他说第一次蒸馏出来的酒，酒精浓度很高（50 度以上），称之为高粱酒；如果把蒸馏后的酒曲再进行第二次蒸馏，则酒精浓度会降低，但酒香还是很浓郁，可称之为"类清酒"；如果进行第三次蒸馏，则称为"类料理用米酒"。

简单来说，他是希望减少原料的浪费。因为酒厂规定不能将材料做二次之后的处理，会将这些还有剩余价值的酒曲，当肥料或废弃物处理。所以他希望我能想办法将这些酒曲入皂后打个样品给他，如果成功就能让金门又多了个名产，也不会造成浪费，一举两得。

我答应他之后的第二周，便收到了包裹，纸箱内除了一瓶 58 度的高粱酒，还有约 300 克酒曲，使用保丽龙箱冷藏包装着。打开来那一瞬间，浓郁且强烈的高粱酒香气扑鼻而来，充斥着整间教室，连远在楼上的办公室行政人员也闻到了极具穿透力的强烈酒香。

我曾在日本北海道的富田农场见识过刚蒸馏完精油所剩的醒目的薰衣草残渣，那个过滤网我推测可装入 300 ~ 500 千克的干燥薰衣草。而就算如此大量的薰衣草残渣的香气，也不如这小小一包的高粱酒酒曲来得震撼。

我立马决定，全班从制作凡尔赛花园玫瑰皂改为"金门高粱酒厂玫瑰皂"，想当然地，这个素材没有前人用过，也找不到参考数据，测试以失败收场。

在不进行干燥加工的情况下（干燥加工会使酒香挥发），几次测试全部宣告失败。主要的原因，我猜测是因为酒曲是活性的，会有发酵、氧化等因素，导致成品过软、酸败、皂体表面不美观等缺憾。

金门的素材取得不易，未来几年我还会继续进行研究。高粱酒酒曲对我来说，简直就像金字塔之于考古学家，此生必要探究一番。

信任就像一把刀
白葡萄酒手工皂

配方

橄榄油 20%（Komili，土耳其）

棕榈油 20%（Carotino，马来西亚）

椰子油 20%（菲律宾）

葡萄籽油 10%（百益，意大利）

红花籽油 20%（日清，日本）

精制乳油木果脂 10%（加纳）

水：1 倍

皂化价与 INS 值，请参考 P.30 ～ 31

添加物：PRAGUSTUS 料理用白酒 10% ～ 20%（西班牙）

香氛

白葡萄酒香精（水溶性）1%（Symrise 香精公司）

白兰地香精（水溶性）1%（Firmenich 香精公司）

海洋调香精 1%（Firmenich 香精公司）

莱姆精油 2%（美国）

工具准备与制皂步骤

请参考 P.61 ～ 69。

调香描述

酒精类香精通常都是水溶性的，在化妆品制造上使用不多，多用在食品加工上。从各种酒类饮品中萃取而来的酒精类香精，留香度一般都很低。

在仿真度上，水溶性香精赢过大部分油溶性香精，所以拿来使用在皂基上或水性保养品上很不错。但因为此款香气我认为女性接受度应该不高，所以就介绍到此。

注意事项

1. 此酒会加速皂化，请谨慎操作。

2. 酒精类液体入皂请尽量使用料酒或平价酒。

我通常不会使用别人送给我的皂，更不会使用各大品牌的商业皂。因为在创业初期我试洗太多皂了，简单来说就是有点"食之无味，弃之可惜"的感觉。不能说它不好，但我也说不出它很好，所以我到现在都是用放了超过一年的手工皂。

这些皂都是卖剩的库存品，已经变色、无味、出油斑、酸败等，是不符合市场标准的"老皂"。但是老皂有个优点，就是 pH 值通常都维持在 7 左右。

在配方与制作过程没有问题的前提下，手工皂会慢慢自然老化，这跟"碱"与"环境"有关。当碱性降低时，皂也慢慢酸败了，长时间放在通风处，香气也自然慢慢逸散，属于它的商业价值便全部消失，剩下来的，只有我称之为"皂的灵魂"这种东西。

"秘密"也好，"谎言"也罢，有时候幸福就要靠这两样东西来支撑。市售的各品牌商品，哪一个不是靠这个在生存？拿掉 LOGO 后，又剩下什么来满足消费者？人会自然地变老，这不一定是个悲剧，关键是当美貌不再时，你又剩下什么值得别人来爱你。

在这本书截稿最后一天，心中有无限感慨。我不确定是否能把心中的想法全部释出。说太明白怕得罪人，说太少，又怕辜负读这本书的你。

人们都以为自己有很多的"选择"，可以做个聪明的消费者。但在我看来，这些都是厂商给消费者的选择，不是你的选择。除非你自己亲自制作，不然消费者永远都被圈养在厂商所设的"牢笼"里。

13 年手工皂制造商与手工皂老师的职业生涯，让我可以用简洁的语言来表达个中奥妙。当你完全把信任交给了厂商或网络上那些人云亦云的知识论坛时，要知道信任有时就像一把刀，当你把它交给别人，他很可能选择捅你，或者是一直捅你！你必须要知道，没有人比你自己更可靠。

我以"日本寿司之神"小野二郎的一段话作为结尾："我一直重复同样的事情以求精进，总是向往能够有所进步，我继续向上，努力达到巅峰，但没人知道巅峰在哪儿。即使到我这年纪，工作了数十年，我依然不认为自己已臻于至善，但我每天仍然感到欣喜。我爱自己的工作，并将一生投身其中。"

不是所有的鸟
都活在同一片树林
乌龙茶手工皂

配方

橄榄油 40%（La Tourangelle，法国）

棕榈油 20%（Carotino，马来西亚）

椰子油 20%

南瓜籽油 10%（La Tourangelle，法国）

马油 10%（横关油脂工业株式会社，日本）

水：2 倍

皂化价与 INS 值，请参考 P.30 ~ 31

添加物：乌龙茶茶叶 1% ~ 5%

香氛

乌龙茶香精 3%（Symrise 香精公司）

茉莉香精 1%（Symrise 香精公司）

工具准备与制皂步骤

请参考 P.61 ~ 69。

调香描述

使用简单的两支香精即可调出如丝绸般柔顺的香气。其实，调香只要选定几支特殊的香料，自行加以组合即可成为大众喜欢的香气。

我建议初学者一开始可以先选择 10 支香精（花、草、树、果、木、茶、酒、甜点类、品牌香水香精与自己喜欢的气味）来进行调香实验，只要遵循着前中后调的调香原则（请参考 P.234 ~ 242），我相信人人都可以制作出令自己满意的香气。

注意事项

1. 有些茶叶研磨后颗粒依旧很粗，有刺激肌肤的可能，切记香皂熟成后要自行试洗，免得伤害他人。

2. 建议使用平价的茶叶来做皂，好的请拿来喝。

3. 请使用"干燥"茶叶研磨成颗粒，而不是泡过茶的茶叶喔！

不管别人怎么说，无论别人怎么看，我只按照自己的节奏去走，喜欢的事自然可以坚持，不喜欢的怎么也长久不了。

我教学用的讲义，从十几年前一直用到现在，主要是针对原材料去进行探讨与应用，而非对手工皂的外形去研究。因为我始终觉得手工皂是拿来洗的，而非拿来看的，只有真正使用过才能知道它存在的价值。

全球有许多做皂的人挖空心思不断努力，做出了令人眼睛为之一亮的渲染皂、分色皂、木纹皂与蛋糕皂等，精致到就像是艺术品。学生们纷纷以赞叹的心情求解技法，以满足自己的成就感。

等到这种曾经独门的技法被市场破解后，又必须赶紧想新的，如此一再轮回。我身在局外，只能对我的学生解释这种现象与我的看法。当然，为了满足读者视觉上的需求，我也会选择部分外形精美的皂放在书中，但只是放照片让大家纯欣赏。

我很少看到做蛋糕的师傅跑来学皂，也很少看到水彩画家来学皂，更少看到木匠来学皂，但是做皂的人总是不甘寂寞，什么都想要沾一点，一辈子只做

好一件事好像很难、很乏味、很孤独？他们似乎已经忘记了那份初心——想要做出很好洗、很滋润的完美手工皂。

每次上课，总会有同学问我："为什么做了五六款皂的颜色都一样，可不可以加点变化？但我要天然的喔！""为什么皂都要打这么久，可不可以用电动的？但这应该还算是手工皂吧！"

我当然希望让学生与客户都满意，但站在自己的立场，最终是以能否持久赚钱为优先。我走过许多国家，尚未看见过以渲染、多色等技法为主题的手工皂实体店面，就算有也可能只是短暂生存。

原因无他，就是制作过程太久、成本太高、无法量产等因素，所以这是一场只有热血、没有任何胜算的战争。会以此为教学方向的老师，可能也忘记了来学习的同学大多都是熟手，学成后总会再自行开课，以低价方式抢市场。

几十年过去了，这样的轮回依旧在，我也只能做好自己的本分。因为，不是所有的鸟都活在同一片树林。

从事创作这条路，只迎合的话简单得多，也容易赚到钱，但为了适应市场而降低自己的格调实在不是我能做的事。

本书后续设计排版的部分，出版社也让我全程参与，这是过去出书时想都没有想过的事，我也必须当成一回事来好好做。对于设计不擅长的我，跑了一趟书店看看高级的外版书是如何设计的，不免俗地也到手工皂书籍的架上去看看现况，原以为书的数量变多了，内容排版应可跳脱过去由出版社设定的"小清新风格"，结果还是令人失望，脚步完全停滞，如同一片死海。

站在同行的角度来看，这不是一件好事，反而是个警示，如果手工皂书每本看起来都一个样，内容也大同小异，试问这个产业还有几年风光的前景？我在文化大学推广部教授手工皂课程，看到这个环境就像个小社会，有突然爆红的课程，报名人数络绎不绝，也看到这些课程慢慢消失，被淘汰的原因有很多种，我想其中一种就是安于现状、不求进步。

现在有太多的制造业都在炒短线，使得我们在世界上的地位无法提升。如果现在不坚持"职人精神"，未来更是看不到了。

我的书念得不多，人生经验里也没做过几份像样的工作，如果像我这种粗人都要求自己做出一本高质感的工具书，那比我条件好的人比比皆是，应该可以把手工皂的市场做大做精，让这个行业成为受人尊重的行业。

"质"永远比"量"优先。我不只勉励我自己也鼓励我的学生，专心于自己所从事的职业和技艺，不要随波逐流，把自信与自尊内化成一种信仰，不要让金钱蒙蔽而迷失自己。

送给读者们我最喜欢的一句话：非淡泊无以明志，非宁静无以致远。

同心圆渲染皂

同心圆渲染法比较注重颜色的变化，调出不同色相的皂液去做组合与搭配，避开深浅颜色重叠的情形，再选用大型的纸盒来倒皂液，较能有挥洒的空间。一般我都是选择喜饼盒来制作，所以用油量颇大，平均需要总油量 2000 克以上，才能切出厚度及格的皂。

羽毛渲染皂

这种渲染法不难学，常可在咖啡拉花上看到，非常适合初学者学习。我建议，可将皂液换成咖啡练习，避免不必要的浪费。先将 100 毫升的黑咖啡倒入杯中，再将打成奶泡的 50 毫升牛奶徐徐倒入杯中形成一条直线，再以牙签左右移动画出你喜欢的线条，多练习几次即可上手。

同心圆渲染皂的制法

1

将一锅皂液分别制作为五个颜色。

2

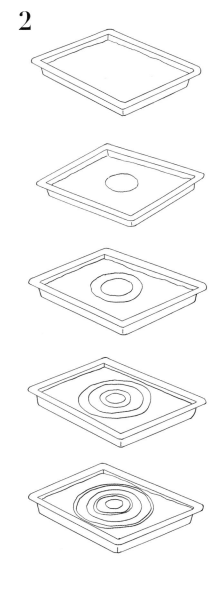

依序倒入各种不同颜色的皂液。

3

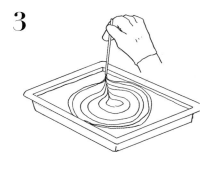

使用玻璃棒由中心朝外围放射状拉出线条。

羽毛渲染皂的制法

1

将一锅皂液分别制作为白色、黑色、红色三个颜色。

2

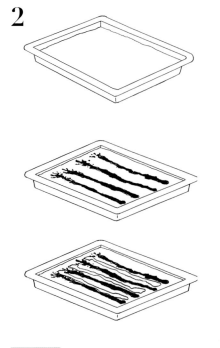

白色皂液先倒入模具，接着将黑色与红色皂液依序呈直线状倒入。

3

使用玻璃棒以"Z"形拉出横线。

4

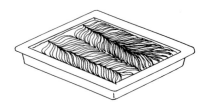

再用玻璃棒拉出纵线。

木纹皂

木头的纹路千变万化，上网搜寻图片便
可拥有许多参考资料。我是到建材行
去索取了几本做家具的实木样品书来参
考，这样在制作时会更有真实感。同样
也是多练习几次即可上手，差别在于颜
色的调配，我大多使用可可粉与竹炭粉
完成，素材简单。

分色皂

比起渲染皂我更喜欢分色皂，如果说渲染皂是水彩画，那分色皂就是抽象画，在耐看度与量产性来说都优于前者。分色皂除了颜色的搭配需要考量外，在制作上下层时，为了消除日后使用时可能分离的隐忧，建议在配方中加入 5% 的蓖麻油以增加黏合性。

我一眼就可以判断出一块皂是 MP 皂、CP 皂、

HP 皂或是 RP 皂（请参考 P.267、P.268），

但要对消费者解释就很难。

有些人会认为我很厉害，但其实不是，

只是因为我持续不断做了 13 年皂，

也看尽各式各样的皂。

每一款皂都有不尽相同的面相，

判断的眼光也很重要。

于我来说，已经习惯成自然了。

I can distinguish the type of soaps in one glance,
whether it's the MP soap, CP soap, HP soap, RP soap, and so on.
But it is hard to explain to the consumers.

Some may think me incredible, but actually, it's only because
I've been making and have also
seen various kinds of soaps for 13 years.

Each sort has a different character,
and the perspective of judgment is critical.
The habit has developed into a natural ability in me.
to the career and artistry of soap making.

PART 3
调香

《香水的感官之旅——鉴赏与深度运用》这本书说：
"在很久很久以前，药师、药用植物家、调香师都是同一个人，而药用植物与精油都是药剂师的基本配备。"

电影《潘神的迷宫》的片头便是药师拿出精油，为患者治病的画面。

使用纯精油入皂，获得预期的疗效是一方面；另一方面，依照不同的精油属性，进一步了解草本植物所蕴含的巨大能量与气息，加以修正后，不仅可以定制出具有自我个性的香皂，更有可能进阶到与制香师齐平，做出一流的香水。

选择素材

香皂要香，当然需要加入香料，来源有两种：一是天然精油，二是化学香精。

以精油入皂，有以下几个缺点：
❶ 成本过高，大部分精油都不便宜。
❷ 挥发性强，手工皂熟成后味道达不到预期，而且放愈久味道愈淡。
❸ 适合使用的精油种类有限，除了部分高单价的精油，剩下的选项寥寥无几，可变性小。
❹ 难以制作出独具个性的味道，这里所谈的个性指的是男性或女性会喜欢的香氛，原因如上述，也就是适合使用的种类不多。且天然的花草植物，似乎本来就不该有人类主观上的定位（味）。例如薰衣草，该如何定位它属于女性还是男性呢？当然，少数几款是较无争议的，例如玫瑰、茉莉、洋甘菊可以很自然地归纳为女性喜欢的；而树皮类则可归纳为男性所喜欢的。

当然，不介意属性与成本的话，使用精油入皂的优点则为：
❶ 具有"期待中"或"众人皆醉我独醒"的疗效。
❷ 符合近年来市场的需求。
❸ 精油的香气较化学香精来得不媚俗，有非常独特的韧度。

使用香精入皂也有其优缺点。缺点是：
❶ 大部分的化学香精普遍存在着加速皂化的问题，让初学者有着巨大的恐惧感。
❷ 观感不佳（不符合市场期待），当你买了一块所谓的"天然手工皂"，看到成分标识上写着"化学香精"或"人工香精"，心中大抵是不舒服的。

❸ 并非所有香精都是低价的，有些调香用的香精就很贵，例如 D&G（杜嘉班纳）、JO MALONE（祖·玛珑）等大品牌的调香用香精。

使用香精的优点则是：
❶ 定香性强，不易挥发，味道相当持久且用量很省，这就相对降低了手工皂的成本。
❷ 精油受限于许多因素，在数量与种类上不会太满足需求。香精则不然，数量几乎无限大，只要是想得出来的味道厂商就有能力提供，进而让我们调出极具想象力的香气。
❸ 在调香上非常有效率，例如，使用薰衣草精油加玫瑰精油所调出来的香味，我们暂且称之为"草玫之爱"，将其比例与样品送去给厂商研发打样，就能制作出"草玫之爱"这款香精。从此之后我再也不必使用两种精油入皂，而是可以直接使用厂商制作的这支香精入皂。或许香气上有点媚俗，但比起成本与定香性的优点，这可强多了，尤其在商业用途上。例如"多芬调"、"丽仕调"或爽身粉味道的"婴儿调"。我早期有拿过"肯梦"牌的薄荷迷迭香洗发水的样品给厂商调制，名字叫"海洋调"。所以，若是执着于手工皂本身这部分的职人便可省去研发香味的时间。

综合以上的优缺点，我个人的结论是香精与精油应该并存，因为各有各的优点。我的做法是，薰衣草手工皂的香料配方为薰衣草精油 4%，薰衣草香精 1%。精油的量永远大于香精，这样不仅会有"期待中"的疗效产生，而且具有自然草本的香气，味道半年内也不会消散（因为有香精支撑着）。

调香该去的几个地方

若你想学习调香，有几个地方可以先去见习：

❶ 百货公司香水品牌专柜。听听专业销售人员如何赞美他们的香水有多好，可以的话试着问一问好在哪里。听起来有点搞笑，其实不然，因为你日后也要向你的客户赞美自己的手工皂香味有多好。

❷ 化工行。一般来说，化工行并不会赞美自己的香精或精油有多好，也不太会理会你的问题，我们可以安静、主观地判断所需香料的好与坏。

❸ 选择几家你有兴趣的手工皂店面。去体会一下香味在香皂里所呈现出的不同于香水的感受，界定一下香水与香皂两者的差异性。

❹ 专业的香精贸易公司。我的经验告诉我，有事就找专家解决，但这种专业的贸易公司只服务中小型工厂，所以这点初学者不易做到。因为我们的"贡献额"太低，通常要有人介绍，或有花大钱的心理准备，才有可能进入该公司的实验室，由专人来为我们服务与讲解，甚至研发专门入皂的香料。当年，我是从工商服务的超大本电话簿找到联络方式，再一家家打电话去"恳求"让我参观，同时也诚实提到自己不一定会采购，因为我没钱。

理所当然地，大部分都是把我拒于门外，但试久了总有一两家愿意给机会。一旦踏入专业的香精公司，人生的风景就不一样了，有如一脚踏入大英博物馆般的场景，数以万支的香料摆在眼前，任凭你闻，那种震撼的感觉我至今还忘不了。

我只是开口问："可以闻薰衣草香精与薰衣草精油的味道吗？"对方就拿出 5 厘米 × 10 厘米的小方格铁盘，共 50 支各式各样的薰衣草品种香料出来。只是一款薰衣草就有如此多选择，更别谈其他香味了。现在回想起这个画面，对于我跋涉在调香这条路上一直都有巨大的影响力。

1 |
我推荐的几个香水、香皂专柜有：❶ JO MALONE（祖·玛珑）、❷ CYRANO（席哈诺）、❸ LE LABO（香水实验室）、❹ SANTA MARIA NOVELLA（圣塔玛莉亚诺维拉）、❺ BOTANICUS（菠丹妮）、❻ L'OCCITANE（欧舒丹）、❼ LUSH（岚舒）。

我不认为几页文字就可以传授调香的技巧，所以就留到以后我写的调香专著来说明吧。在此我直接讲重点。至于各类植物的精油对人生理上或心理上的疗效也省略不讲，这样比较简单。方向越单纯，力量越强大。

我们必须具备基本的调香观念，首先，要认识调香三元素：香料的类型、香料的调性、香料的比例。

在研究香料时，先将易于辨认的香气归为一类，或将萃取部位相同的种类归为一组，这对初学者来说，在调香上大有帮助。

分门别类在辨别每种香料的细微差别或记忆香味的特殊性上，也有加分效果。例如，甜橙与柠檬虽属柑橘类，萃取部位也相同，但是主观嗅觉上所呈现的是酸与甜的差别；再者，每一类香料都有其代表性的香味，我们可以借助它们浑然天成的精致香气与性格，来决定它们在我们的作品中扮演什么样的角色。

香料的类型

香料的类型可以分为以下五类：水果类、花草类、木质类、辛香类、土质类。

A. 水果类（果皮萃取）

柠檬　　葡萄柚　　甜橙　　佛手柑　　橘子　　莱姆

B. 花草类

花　　　　　　　　　草

玫瑰　　茉莉　　依兰　　　马鞭草　　迷迭香　　鼠尾草

C. 木质类

树皮类

桧木　樟木　檀香　雪松

树脂类

松香　安息香　乳香　没药

D. 辛香类

主要以种子、茎、根、浆果、豆荚、球果为主。

八角　丁香　杜松浆果　茴香　黑胡椒　肉豆蔻　姜/姜黄　芫荽

E. 土质类

泥土味、湿霉味、陈腐味、苔藓味

岩兰草　广藿香　愈创木　丝柏　花梨木

香料的调性

根据精油的挥发性，可以区分出前调、中调、后调。我们可以从香气扩散于空气中的速度快慢或停留在肌肤上的时间长短，来判断其调性。

如果用音乐来比喻，前调、中调、后调就会变成高音、中音、低音，一首好的乐曲可将音域融合成光芒四射、令人痴醉的美丽乐章。我们在组合结构复杂的气味时，除了个人偏好的类型香气外，如果再依调性之间不同的逻辑来加以修改，就可以延伸并稳固我们的香水作品了。

A. 前调的特色：

前调的停留时间为 1 ~ 2 小时，大多数的水果类香料都属于前调，价格并不贵，平易近人，辨识度高，但挥发性强、瞬间即逝。

前调的特色是很讨喜、轻松外向、活泼生动、简单清晰。在调香时，几乎每款前调类的香料皆可加入，它能使香水增添如"空气飘移般"的流动感。前调在香水中扮演的角色，就像是形象鲜明、容光焕发且甜美的小女孩或小男孩，我更常在课堂上形容前调就像人生的初恋，纯洁无瑕的爱，但却稍纵即逝。我们总是等到蓦然回首，才发现早忘了初恋男孩女孩的面容。

B. 中调的特色：

中调的停留时间为 2 ~ 6 小时，是香水的灵魂，也是香水的一段 SOLO（SOLO 是指一个人单独的演唱、演奏，其间没有其他的搭配与协助，如此更容易凸显独唱独奏的高超才艺）。

在前调暖场后，紧接着中调这个主角粉墨登场，中调能赋予香水温暖与完美的篇章，它可以是性感的、可爱的，也可以是激情而诚挚的，凭借着自身独特的气质与强烈的香气，圆滑顺畅地渐进于氛围之中，无孔不入。

几乎所有的花瓣精油都属于中调，"花"代表着热情与浪漫，并隐含"性暗喻"之意。花香具备了精巧、性感又虚无缥缈的特性，使人心神荡漾，过去如此，现在亦然。

在中调的应用上，如果选择玫瑰、茉莉为主角，那么这瓶肯定是往女性香水的方向前进；若选择草类的迷迭香、马鞭草，则为中性或男性的香水方向。

C. 后调的特色：

后调的停留时间为 6 ~ 24 小时，辨识度低，定香力强。我们会知道前调是什么，因为我们都吃过水果，也闻过水果，而且频率颇高；花草类的中调亦然，拜很多天然保养品牌所赐，我们得以试用、体验，所以对这种类型的味道也不会感到陌生。

但是，后调属于树皮类的香料，试问我们上一次抱一棵树，并去闻它的树皮、树叶是多久之前的事了？所以，后调对大多数人来说可能是全然陌生的，这种气味充满着回忆，却触碰不到，仿佛是从物体的内在所散发的。

后调是最深沉、最神秘也最古老的，每一个古文明中的调香史最初都是使用后调来调整香味。例如几千年来，中国就有使用檀香与肉桂的历史，阿拉伯国家自古便用乳香与没药来焚香祭礼。所以，你手中所握有的后调类精油，已传香好几个世纪，是古老文明所累积的智慧。

香料的比例

前调的比例：

因前调拥有挥发快速的特性，所以加入的剂量要高。

中调的比例：

决定香水的属性，剂量可随个人喜好加多加少。一般加入量适中，不要高于前调即可。如果凸显不出其独立性的香气，可考虑将后调的剂量降低，提高中调比例，看有无改进。

后调的比例：

绝对是用量最少的，除非你有特定需求，否则一不小心会完全覆盖掉前调与中调的气味。

前、中、后调的应用练习：

我们假设手上各有 3 支代表前、中、后调的精油，分别为柠檬、洋甘菊、桧木。整体添加量为 6%，那依据其特性，则可按照柠檬 3%、洋甘菊 2%、桧木 1% 的配比进行。如果完成后试闻，觉得桧木味太重的话，可将桧木降为 0.5%，将洋甘菊升为 2.5% 。

依据此原则，画成曲线图如下：

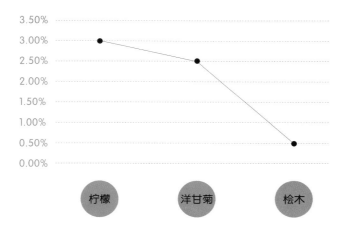

但是如果是做手工皂，在精油上追求的是"疗效"，可将主要疗效放在单一植物上，不建议多样性（若是按摩油则不在此限）。例如使用的是桧木，便将其拉到最大，其余的不必加，加了也不会有香气，因为后调会盖掉前二者的香味。

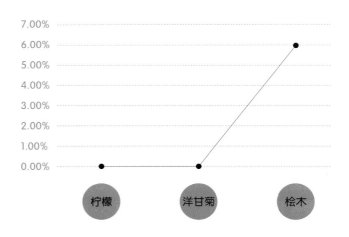

我最怕的是 1：1 的加法，这是种既要香味也要疗效的做法，或许看起来单纯简单，却往往两者都得不到。大家可以看到这样的曲线图成了直线，我开句玩笑，通常直线代表死亡。

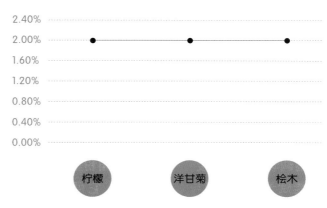

如果手上样品数够多的话，不妨放大比例，即可产生律动感，或称之为"层次"。以下是六支精油组合的曲线图，这样的味道不一定能取悦大众，但作为个人的疗愈小作品，却是足够管用的。

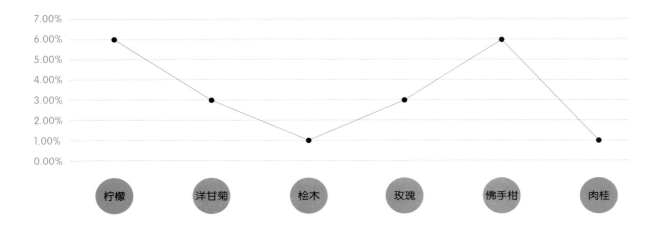

手工皂与香水的调香练习

A. 调香前的准备工具：

❶ 试纸（闻香纸）：白色无味，坚硬具吸收力，1厘米宽，5厘米长，前端尖（方便插入香料瓶内），后端则可记录该香料的名称。
❷ 干净无味的喷雾香水瓶，30 ~ 50 毫升容量即可。
❸ 有刻度的大小量杯，容量 10 ~ 20 毫升即可。
❹ 吸管或滴管。

B. 调香的材料：

❶ 95% 精制酒精（特殊油：葡萄籽油）
❷ 纯水（蒸馏水）
❸ 精油或香精

因为本书是谈做皂的方法，以下调香分为两部分，先来谈入皂的。如果设计好手工皂的配方后，需要设计其香味，可使用任一无色无味的特殊油来先行调制香味，以下为假设的手工皂调香比例：

葡萄籽油 100 %
精油 3%（柠檬 2%＋洋甘菊 0.75%＋桧木 0.25%）

分别将手上的三支精油依比例倒入葡萄籽油中，摇晃均匀，静置 10 分钟后闻味看是否满意。如果有任一味道太过强烈或不足，则自行修正。

如果是要调制香水，比例为：
酒精 70%
纯水 10%
精油或香精 20%（柠檬 14%＋洋甘菊 4%＋桧木 2%）

做法同上，但因为是香水，不能马上试闻其香味满意与否，需要静置 30 天，待熟成期满后方可了解其香味。

调香后记

以上是我竭尽所能浓缩的调香基础概要，如果看不懂别怪自己笨，也别怪我表达能力差，通常不解释就弄不懂的事情，就意味着再怎样解释你也弄不懂。调香不是单纯上网找资料，或买几本所谓的宝典工具书就会了，那是别人的，不是你的。

你必须要走出去，多看看这个世界，认识各式各样的人，做各种各样的事，几年后，你可以在脑海里将自己经历过的人、事、地、物想象成一幅美丽的风景画。从云端往下看，会有山川流水，会有春夏秋冬，会有各种不同文化的建筑物，会有各国的人说着不同的语言，最后，也许你就会有所顿悟。

诚如前言所述，无法靠短短几页文字就能表达或传授调香。在国外要成为一名出色的调香师必须具备多个条件：

❶ 上帝赋予你的好鼻子，让你自小就可分辨大自然中复杂而芳香的气味。
❷ 终其一生过着如修道士一般的生活，不抽烟、不喝酒、不熬夜，保护好上帝给你的好鼻子、好嗅觉，以延长使用寿命。随着年龄增长，人的许多功能也将慢慢老化，嗅觉亦然。
❸ 抱持对任何香气的平常心，一切按客户所要的感觉去进行调香。不能主观去决定香味的走向，要依市场与时代的演进开拓新的香氛。不是自己说香水好便是好，是市场决定你的香水好不好。

"很多人自称'调香师'，但这些人却和大部分
的消费者没有两样。
前者对于所销售的产品完全无知，而后者则完全
不在意买了什么。"
英国调香师 Charles Lillie 如是说。

我相信这世界上一定有人会因为某些理由，

而使用劣质素材去制作手工皂，

即使知道这很下作，但他夜里仍可安稳入睡。

这是一个令人感伤的事实，

但也是的确存在的事实。

I don't understand

why people make soap with unqualified raw materials even

though they know it is immoral.

They must have a good reason

but I wondered

how would they sleep well at night.

PART 4
精油

SUNFLOWER
BE-9658
AVENUE
VIRGINIA)
www.argeville.com
COOL WATER
BE-61052

台湾的手工皂业者大多会以此皂添加了天然精油来作为卖点，我直到今天都未曾看过有相关业者会以人工香精作为主题来凸显产品特色的（不久的未来，我会以此为方向努力）。

可见，植物精油在基础保养品或手工皂里，扮演着一个重要角色，间接影响初学者，让他们只愿意使用精油来入皂。既然如此，那就更要了解植物精油所赋予的各式"神奇疗效"，我们必须从该精油本身所含的化学成分说起，这样子你的手工皂会更有说服力。下面所述只是最基础的精油知识，本书是以做皂为主题，精油在陈述上以简明扼要为主。

使用精油的注意事项

1. 安全用量：首先，我们要知道精油入皂的安全用量，我个人建议维持1%～5%，并依据精油的刺激性强弱来自行增加或减少。

2. 做皂的精油建议：
A. 尽量避免购入太昂贵的精油：
我认为精油不值得用在洗涤用品上，原因很简单，精油在洗澡时停留在肌肤上的时间太短了，洗后就会被水冲走。我说的是实话，若是有人告诉你"洗澡时会有神奇疗效"，我想那一定是商人说的，真正的专家不会告诉你植物精油适合入皂。

我觉得高价精油应该使用在基础保养或香水上，可以经皮肤直接被吸收。此外，做皂也要尽量避免使用水果类的精油，其香气挥发速度太快，加了等于没加。

B. 适合入皂的精油品种有：
薰衣草、茶树、薄荷、肉桂、尤加利、迷迭香、雪松、罗勒、丁香、松木、马鞭草等，以香草类为佳。价格适中，定香适中。

C. 分装精油时务必做好安全措施，戴护目镜与手套：
精油的分子很小，具有很强的渗透力，易穿透皮肤组织，尤其是薄荷、肉桂、丁香等精油。请注意安全。

精油的基础化学成分

天然的植物精油是由数种化学成分所组成的，这也可以解释所谓的"神奇疗效"是来自于化学物质（这里的"化学"意指变化的科学）。

目前相关学者还在探究精油多方面的可能性，技术与时俱进，未来或许又会有新的化学物质被发现。下页列举几样较重要的组成成分进行说明。

01 酯类 Esters

植物精油中最常见的化学物质，是精油中最安全、温和不具刺激性的成分。在花朵类与树脂类精油中含量最大，是精油中香甜气味的主要来源。

1. 来源：安息香、没药、薰衣草、佛手柑、快乐鼠尾草、茉莉、橙花、尤加利、樟树。
2. 产品应用：调香、溶剂、定香剂、食品添加剂、杀菌剂、香精。
3. 人体用途：抗发炎、抚平神经系统、助眠、放松、降血压、抗痉挛。

02 醛类 Aldehydes

对皮肤有不同程度的刺激性，但又有提振情绪的特质，普遍使用在香水上。

1. 来源：香蜂草、山鸡椒、肉桂（皮）、香茅、芫荽、薰衣草、柠檬。
2. 产品应用：调香、香精、食用香料、定香剂、溶剂。
3. 人体用途：抗感染、抗发炎、降血压、降体温、促进血液循环。

03 酚类 Phenols

具有刺激性的香味，常作为防腐剂与抗菌、杀菌剂的成分。对皮肤黏膜组织有腐蚀性，亲水性佳。

1. 来源：丁香、肉桂（叶）、百里香、尤加利、黄樟木、肉豆蔻、黄桦。
2. 产品应用：定香剂、香料、指示剂、调香、防腐剂、消毒剂、杀虫剂。
3. 人体用途：抗菌、激励免疫系统、提升血压、防虫。

04 醚类 Ethers

精油中少见的微量分子，穿透力更强，高剂量使用会造成抽搐、呆滞等现象，使用上必须特别小心。

1. 来源：尤加利、黄樟木、佛手柑、榄香脂、丁香、罗勒、茴香、八角。
2. 产品应用：香料、麻醉剂、定香剂。
3. 人体用途：止痛、止吐、抗痉挛。

05 　酮类 Ketones

含酮类的精油，部分具有神经毒性，一般来说很少会萃取此类精油。但茉莉花精油或小茴香精油不具毒性，能帮助伤口快速愈合，有助于治疗呼吸系统疾病。

1. 来源：薄荷、茉莉、香芹菜籽、樟脑、肉桂、牛膝草、穗花薰衣草（Lavender Spike）。
2. 产品应用：化妆品、香精、食品添加剂、漱口水、兴奋剂。
3. 人体用途：防虫、除臭、促进脑细胞再生、化解黏液、镇定、安抚。

06 　醇类 Alcohols

高比例的含醇类精油，具有非常强烈的香气特性。

1. 来源：薰衣草、玫瑰、天竺葵、香茅、花梨木（90％）、百里香、橙花、洋甘菊、岩兰草、薄荷。
2. 产品应用：医药、食品、化妆品、调香、食用香料、消毒剂。
3. 人体用途：驱虫、解热、抗菌、消炎、止痛、催情、平衡内分泌系统。

07 　萜烯类 Terpenes

植物精油萃取物中含量最多，种类也最多（比例高达90％）。亲油，挥发性强，效果快，危险性高，穿透力快。不能直接用于皮肤。

1. 来源：柠檬烯（所有柑橘类精油）、松香油、月桂、罗勒、没药、松叶树、苦橙叶、茶树。
2. 为针叶树中树脂与松节油的主要成分。
3. 人体用途：防腐、消炎、抗菌、抗氧化。

08 　酸类 Acids

精油中很少含有酸类，大多存在于纯露中。

1. 来源：肉桂、茴香（主要存在于大茴香中）、缬草属植物、香茅、桦木、香蜂草。
2. 产品应用：香料、香精、防腐剂。
3. 人体用途：抗发炎、镇静、抗霉菌、止痛、退热。

事实上，

如果香水（皂）含有任何下列花朵素材：

小苍兰、忍冬、紫罗兰、

郁金香、百合、栀子花、向日葵、

兰花、紫丁香、铃兰，

便透露了该香水（皂）以人工合成的秘密，

因为这些花香无法以天然方式萃取保存。

—— 美国调香师 MANDY AFTEL

Part 5
延伸解读

中药材入皂行不行

如果说日本筑地市场是全球鱼货量批发最大的集散地，那似乎也就代表着在里面的工作人员个个都是行家里手，如果没有点本事，很难在此生存。拥有80年历史之久的筑地市场自然也有许多老铺，而支撑这些老铺的便是一位位职人。如果从这个角度来解读，日本其实是一个"老铺"与"职人精神"传承源远流长的国家。

在中国台湾要找到背景相同的地方，我首推台北的迪化街。众所周知，它是台湾重要的南北杂货、茶叶、中药材及布匹的集散中心，也是台北市保留最完整的老街，从19世纪至今。我刚开始做皂时便在这里大量采购添加物（尤其是中药材），许多关于中药材的知识都是老板们告诉我的，如果称他们为"职人"的话，一点也不为过。

我长期采购的项目，有作为浸泡油使用的紫草、作为装饰使用的进口干燥花、作为夏日清凉使用的薄荷脑，当然还有和美肤有关联性的中药粉了。当年很流行"玉容散"这个药方，因为跟美白有关系，所以广受市场欢迎，我当时紧跟着采买相关的中药粉，例如白及、白芷、白丁香、白附子、白茯苓、白蒺藜、白僵蚕等"白"字辈的药材入皂，让我大获全胜。

直到有一年，我受邀到永和某中医协会去上课，我记得是上到渲染课或三色皂时，我提议用中药粉入皂而不要使用人工色素。随即便到他们的库房去选择有颜色的"科学中药粉"，有蓝色，有红色，有黄色等，正当我挑选完毕准备上课示范时，台下具有中医身份的学生们，纷纷惊讶地看着我拿的那些有色中药粉，然后告诉我一个事实让我至今难忘。简而言之，药在某方面不可避免有毒性，而我手里拿的是"剧毒"品！

之后这些中医师更是告诉我许多关于中药的药理常识与许多不为人知的知识，让我心中为之一震。我自小便认为西医比较伤身但效果显著，中医药效慢但比较养生，这下又发现另一个白色巨塔里的黑暗面。从此，中药材入皂在我的选项里变得相对少了。

并非我反对中药入皂，而是在我不专精药理的情况下随意添加是不对的。美食家不一定是个好厨师，影评人也很难拍出好电影，会计师也不一定都有钱。

我会举这么多例子，主要是因为台湾手工皂业界充斥着太多荒谬的理论，我看不到相关的临床报告与检验证明，只看到许多消费者愿意听的疗效与宣传文案。我不想成为他们的一分子。

当我了解到日本与欧美对于"药性"添加物管控得有多严格后，我便对中药入皂的想法趋于保守。我只是一个做皂的职人而非中医师，我谨守本分扮演好自己的角色，心才会越来越澄澈。

我知道，自己写这一篇文章并不合时宜，更可能伤害到一些人。但我的人生是我的，你的人生是你的，只要你清楚自己在追求什么，那就尽管按照自己的意愿去生活吧！别人怎么说与你无关。

我对手工皂
销售前景的看法

手工皂的产品市场

MP 皂：熔化 & 入模速成皂（melt & pour）

以我个人的理解，目前有办法量产的手工皂一般都是以皂基为主。例如我们在各大风景区常看到的透明皂或造型可爱的香皂，一般都是皂基的制品。英国岚舒（LUSH）的香皂也是由皂基做成的。大家可以用一个简单的实验来分辨，将香皂点火燃烧，如果它熔化了便可以判定是皂基。

皂基的制作速度快，并且可以再回收重制，它本身是熟成的产品，精油加入后不容易挥发，做出来的成品香气十足，并可融入各式各样的造型模具中，外形非常讨人喜欢。

使用皂基不需要经过晾皂的程序，接到明天要出货的订单，今天就可以完成制作与包装，生产速度非常快，而且零库存。也因为皂基能够满足单价低、数量大、操作安全性高、速度快、外形讨好等条件，最常见的销售渠道有婚庆、亲子活动以及企业团购。依据我的判断，市面上在打品牌的香皂，应该有八成为皂基的产物。

对于皂基，我个人没有特别的喜恶。皂基让我成功赚到了人生的第一桶金，但是我能够为它叙述的故事并不多。它是一个没有故事性的产品，我指的是真实的故事，捏造的不算。

论功能，如果纯粹为了量产或教学用途，皂基是一个很不错的产品；论洗感，它介于中性与油性之间；论营养价值，皂基的单价低，因此我很难想象会有什么营养价值可言。

相对的，皂基的清洁力比较强，因此如果要用皂基，我会强烈建议给油性肌肤或男性朋友使用；如果对象为敏感性肌肤或婴幼儿，建议不要使用皂基以免洗后皮肤过于干涩。

CP 皂：冷制皂（cold process）

CP 皂占市售香皂的另外两成。如果做冷制皂的是职业卖家，很有可能会因为销售量的增加、利润当前，而在必须赶制生产的情况下失去初心。面对制程与熟成时间的压迫、失败率的风险，以及保存期的考验，业者很有可能会使用电动工具或寻找工厂代工以满足市场的需求。

一般消费者带着对手工皂附加价值的期待而购买，却无法辨别出香皂为纯手工或为工厂机械制作。很可惜的是，这似乎和当初制作冷制皂的理想背道而驰，因此，我对冷制皂卖家的忠告是"莫忘初衷"，不要忘记当初卷起袖子，用双手打皂的初心与想带给使用者的感动。

一般业余的卖家，因为不是很聪明再加上资金不足，所以多为小量制作，凭着满腔的热情投入这个市场，反而会比较稳扎稳打而不会将脑筋动到其他地方。因此，如果我要选择的话，与其买市售有知名度的香皂，还不如向业余小卖家选购，同时还能给怀抱创业梦的职人一些鼓励。那些知名品牌的卖家不缺你这一分钱，而很多业余卖家需要你的一份支持。

手工皂的延伸发展

从我累积的教学经验中，可以归纳出来上课学习手工皂的有三种人：第一种人是想为自己做香皂，可能自己或家人的肌肤有特殊需求，或喜欢自制保养品，或对于外面的产品不是很放心而希望可以亲手制作；第二种人是未来想要当老师，上课除补充专业知识外，也观摩别人的教学经验，期许自己将来有机会在各大教学机构服务；第三种人是为了销售香皂，当今手工皂市场的商机大、门槛低，使用简单的材料与包装便可以开始进行商业行为。

为自己做
想学习制作手工皂，无非是想提升自己的生活品位。手工皂一定有一个共通的普世价值，才能广泛被全球接受与热爱。看似简单，但其实有一定的深度在，制作者必须对每个素材与添加物有更进一步的认知，分门别类并进行管理，才能取得完美的平衡。

选择对自己、对环境最好的素材制作的，就是一块好的香皂。外面卖的不一定不好，但自己做的也不一定很糟糕。住在台湾很幸福，有非常多的素材可以选择，采购也非常便利。如果我们能选购好的材料（如食用级油品），对自己的身体也一定是好的。

为教学
我觉得教学是终身事业，可以不受年龄的限制，带着教学热忱一路走下去。无奈的是现在台湾教手工皂的老师非常多，多到已经饱和，各大教学单位的位置也都满了。

如果你想要往教学方向前进，我建议离开台北市，台湾中、南部发展机会比较多。再者，课堂上的操作教学会牵扯到材料费用，当你课堂上用的原料好，打的皂量多，这些成本自然会转移到学生的材料费上。北部因为竞争大，连同材料费也跟着低价化，这不是不行而是不对。如果能开出高价的材料费用，为何大家要跟着低价？说穿了无非也是为了削价竞争，图求一个生存的机会。

但是，你可以想想，低价能够用到什么好素材去做皂，低价自己要赚什么？为了低价而来的学生素质又如何呢？中、南部或许教学机构较少，但只要用心经营一定会有好口碑，不像北部因为竞争大而常有劣币驱逐良币的情形发生。

很多同学在浏览课程大纲时，往往看到材料费后就打住了，接着会再去比较哪一位老师收取的材料费比较低。在他们的认知里，材料都是一样的，还没有建立原料优劣决定香皂品质好坏的观念。因此，若要进行教学也必须思考一下，看是想先用低价吸引一些学生，还是宁可守住自己的坚持。

从我个人的观点来看，在课堂上做的香皂最后也都是让学生带回家自己洗，因此提供好的原料素材，除了让学生使用后对品质有感之外，也能提高学生的信心与成就感，发现原来自己也做得出这么好的香皂。

因此，材料费的拿捏非常重要，我强烈建议不妨把话说在前面，好的素材本来就是成本比较高，不应该因为市场低价竞争的关系而妥协。宁可不教，也不要做出品质差的产品。

为销售香皂

从销售的观点来探讨，我个人觉得一家店很难单纯只卖香皂，香皂的利润并不大，因此架上不免俗地需要扩充一些保养品来提高利润。然而尴尬的是看过账上数字，比较过利润之后，可能又忘记初心了，开始经营一些美白面膜、沐浴用品礼盒组、有机食品等好赚钱的商品。

因此，你如果要走实体店面进行销售，除了需要充足的预备金之外，也必须要有个心理准备，面对租金、管理与人工成本的压力，如果想只靠香皂定胜负，难度实在太高了；而如果你想在网络上销售，现在的竞争愈来愈激烈，网络上的商品往往容易陷入价格战，最后你会发现一切的奔忙只为了蝇头小利，这条路也相对艰深，需要仔细思索销售策略，走出属于自己的一片蓝海。

如果销售是为了求财，或许找工厂代工会比较好；如果你像我一样，只想做出一个简单好洗的香皂，那就可以坚持慢慢走下去，守住自己的岗位，做一件单纯的事情，这就是职人而非商人的精神。

从外用到内服

橄榄油的营养价值与评鉴

橄榄油中含有多种橄榄多酚，它是由很多种天然抗氧化物质组成的，统称为多酚。这些养分提供了我们抵抗自由基、强化免疫系统并减缓老化等诸多有益功效。

然而，要保留（获得）橄榄油里大量的养分，必须要跟时间赛跑，犹如钓虾一样。因为泰国虾很贵，所以钓虾是以时间而非数量计价，在一定的时间内钓的尾数愈多则经济效益愈大。

以橄榄油来说，要获得大量的营养素则需要避开它的三大天敌：氧气、光线与温度。要达到理想的境界，必须在24小时内完成采收、榨油、包装等工序。所以在产量有限的情况下，价格自然较高，必须要有自有农地栽植及榨油设备的一条龙生产作业，现今大多只有庄园等级才有能力做到。如同喝果汁三原则一样，要力求现摘、现榨、现喝，这样才能吃出水果的营养价值。

如果我们自行栽种并生产橄榄油，又该如何判断自家的品质呢？首先必须找到一家公正的单位做鉴定，并根据鉴定结果改良自家产品或宣传自家产品的特色。

在 1983 年成立的意大利国立橄榄油品油协会（O.N.A.O.O）[注1]，便是对橄榄油品质整体表现进行评测管理的把关机构。目前台湾地区也开设了品油师认证的相关课程，下页为官方版本的评量表。

这份评量表是针对气味与滋味做评断，分别以 1 ～ 10 分为强度区分，最后具体指出其特征是什么。我觉得读者也可以就这张评量表，自己在家练习，试着找出你所购买的橄榄油是否有这些特征，练习自己的嗅觉与味觉，让自己更加清楚地认识什么是好油与坏油，提升自己对食用油的专业知识，体验品味生活的美好。

注1 |

意大利国立橄榄油品油协会 Organizzazione Nazionale Assaggiatori Olio di Oliva (O.N.A.O.O) 于 1983 年成立，长期深入橄榄油产业，具备橄榄油风味评鉴专业经验与知识，特别在 IMPeria 这样一个历史悠久的橄榄油生产重镇，倾全力保卫并延续橄榄油制造工艺与文化价值，以及如何辨识橄榄油的风味——品油的艺术。

橄榄油特征评量表
（PROFILE SHEET FOR VIRGIN OLIVE OIL）

负面感官特性强度
（INTENSITY OF PERCEPTION OF DEFECTS）

霉酸味（fusty）／烂泥沉淀（muddy sediment）_____

霉臭味（musty）／潮湿（humid）／泥土味（earthy）_____

酒味（winey）／酸醋味（vinegary acid）／酸味（sour）_____

受霜的橄榄（frostbitten olives）／湿木味（wet wood）_____

脂臭味（rancid）_____

其他负面特征（other negative attributes）_____

描述（Descriptors）：

☐ 金属味（metallic）　　　☐ 干柴味（dry hay）　　　☐ 污秽味／虫蝇味（grubby）

☐ 粗糙味（rough）　　　　☐ 盐水味（brine）　　　☐ 热火或烧焦味（heated or burnt）

☐ 蔬菜水味（vegetable water）　☐ 细茎针茅草味（esparto）　☐ 小黄瓜味（cucumber）

☐ 油腻味（greasy）

正面感官特性强度
（INTENSITY OF PERCEPTION OF POSITIVE ATTRIBUTES）

果香味（fruity）_____

☐ 青嫩味（green）☐ 成熟味（ripe）_____

苦味（bitter）_____

呛辣味（pungent）_____

品油者姓名 Name of taster:　　　　　　　　　品油者编号 Taster code:

样本编号 Sample code:　　　　　　　　　　　签名 Signature:

日期 Date:

评语 Comments:

从外用到内服

单一品种橄榄油

"单一品种"所代表的意义是：知道自己在喝什么或在做什么，不会被他人牵着鼻子走，由自己决定什么是好、什么是不好。

通常在酒类、咖啡、茶类的竞标中，往往是"单一品种"为大热门，还记得以前的蓝山咖啡豆（Blue Mountain）与现在的艺伎咖啡豆（Geisha）那一豆难求的抢标盛况吗？

这倒不是说调和或混豆不好，而是你有你的选择，不应被厂商所钳制。如果你有机会到橄榄庄园或其他农特产品庄园去采购的话，自然会发现，厂商所推出的产品价格有高有低，但最贵的还是"单一品种"，就像保加利亚玫瑰精油与玫瑰精油的价格上可能差好几个零。

话题回到吃的，请问你在大卖场有看过标榜"单一品种"的植物油吗？就算有但应该不多。前几年闹得沸沸扬扬的食品安全问题，或许大部分责任都在厂商身上（毕竟资讯不对等），但我们也该回头去想想自己是否过于无知与无心。

油是每天都在吃的东西，但我们何时去关心过内容物，而只在乎好不好吃、便不便宜、有没有人排队……食品安全事件或许是给我们的当头棒喝，或许是个转机，让我们开始有了"选择"这个课题，所以，接下来让我们进入主题，聊聊橄榄油。

橄榄的栽培品种有500多种，大量种植的约140种，现在与红酒一样也开始有新世界（New World）与旧世界（Old World）的分别。新兴产地有美国、澳大利亚、智利、乌拉圭以及南非等国，旧世界则通常指的是橄榄油的发源地，大多位于欧洲与地中海地区周边，包括希腊、西班牙、意大利、土耳其等。新世界橄榄油的历史虽短，但正如青春活泼的少女，热情奔放；旧世界拥有数千年的文化传统，就好比成熟的长辈，看尽风华岁月但依然从容淡定。我们可借助三支重要的"单一品种"橄榄油，来一探其背景与故事。

Picual

原产于西班牙安达卢西亚的哈恩省（Jaén），哈恩省也是西班牙境内橄榄种植面积最大的省份。为世界上分布最广的品种之一。能适应各种恶劣的土壤气候，无性繁殖容易，但抗病虫害能力较差。

橄榄油的苦味和辣味最为强烈，主要是因为橄榄多酚含量较高。单元不饱和脂肪酸 ω–9（Omega–9）和维生素 E 含量居橄榄油之冠。也属于高产量的品种，以传统、密集的方式种植（Tradition Density, TD）。

Frantoio

原产于意大利中部的托斯卡纳地区（Toscana），是世界著名的品种。适应范围广，抗病力强，结实率高，丰产稳产，容易繁殖。橄榄油带浓郁青草香，但口感层次较差，适合不喜欢苦味和辣味的消费者，属高密度种植（High Density, HD）

FS–17

独特的橄榄品种，由 Favolosa 与 Frantoio 嫁接并通过自由授粉栽培而诞生，拥有高产油量的特色，并在一次国际鉴定会中，因测出令人难以置信的 499 毫克/升多酚总量（Total Polyphenols, TPH）而闻名。目前被新世界（New World）国家广为栽植，以美国、智利、乌拉圭、澳大利亚和南非等国最多。

在果实尚未成熟时采收榨油，所以口感表现明显较为辛辣，尾韵带有淡淡的绿茶味，整体表现层次分明。属超级高密度种植（Super High Density, SHD）。

如果可以的话，我当然建议读者尽量挑选以上单一品种的橄榄油食用。原因无他，进口贸易中以此最为昂贵，也最不容易混充其他劣质的橄榄油。

其实，意大利与西班牙这两个产油国近年来风评并不好，才会造成新世界产油国纷纷崛起。在台湾地区要选择单一品种的橄榄油，一般中小型卖场不常见，通常要到百货公司或专门店去购买，且价格并不便宜，1 升的容量动辄上千元起步。但在我眼里这才是合理的价位，如果低于这个价位，请消费者自行斟酌与评估。为了自己的健康，这个投资是值得的。

从外用到内服

每日食用油的选择

在谈吃的之前，我必须要讲一件事，万物没有对与错，纯粹因为人的选择而定义了是与非。辛苦赚来的钱能买精品包，不劳而获的钱也能；正确使用一把菜刀可以让人变成好厨师，相反的也可以让人变成杀人犯。

在本文中，我大部分是用删除法去作为选择的方向，不留情面地删掉我不吃的油，这样可让我有更多时间去进行别的研究。所以此篇文章是写给我自己与愿意相信的人看的，所有的观点由我本身出发。

在选择食用油品时，我会先排除动物油。原因很简单，我们日常饮食中摄取的肉类脂肪已经足够人体所需，不必再额外添加了，除非你是素食者。

再者，我不吃的油是植物界里的硬油，例如棕榈油与椰子油，理由是饱和脂肪酸含量太高了，与动物油相近，也不必再补充。

比较无奈的是，因为棕榈油（耐炸油）价格低廉，在多数餐厅、小吃及零食加工业都大量被使用至今，在零食产品上使用得更多，例如薯片、泡芙、冰淇淋等，可观察成分表上有无标注。并非不能买添加

了此油的零食，而是作为一个有"品位"的消费者，应该懂得"选择"吧。

另外，再谈近年很流行的"冷压椰子油"，不管如何包装或美化，终究无法忽视它饱和脂肪酸过多的问题。其余的便是白油、奶油、酥油这类无法得知来源的油品，请尽量少吃。

在八年前，我一次出完两本手工皂书后，便开始着手进行新书企划，主题是利用平价的油品来做皂。当初的想法是，用高级的素材做出高级的香皂是在说废话，所以想用国内家庭常见的食用油品来做出高品质的手工皂，让大家不要迷信进口货，希望推广层面能再宽广点。

无奈的是，我的想法遭到出版社纷纷反对，理由是："无法带给消费者梦想感。"当时的我心想："所以，我要继续写一些崇洋媚外，连自己都不相信的东西吗？"

我认为，既然不能讲真话就不要出吧！但我仍然想继续发扬用平价油品做皂的理念。当时我请台湾最大的制油业者来我的工作室洽谈新书内容与原料赞

助，并借机询问白油等让我有疑虑的油品的来源。因为我的读者以后会问我，我必须要知道。只见他委婉地说，大多由棕榈油加工制成。我听完后便打消以此为主题出书的念头了……

最后，使用溶剂萃取法得到的油脂，我也不建议食用。这对人体是好是坏，网络上也是支持与反对者参半，民间、厂商、政府都为了其立场在激烈争论，但却没一个明确的答案。

我看事情很简单，溶剂萃取法这个技术的发明，最早是为了实现用某些植物果实大量炼油，而不是为了人类的营养健康着想，且这个突破性的技术能达到降低成本、提高价格竞争力、消费者买单，最后厂商能够赚大钱的目的。我想，如果冷制皂也能这么做的话，我应该也不会出这本书了。

我不去谈油品与疾病衍生的问题，这没有绝对的关联性，我的看法也不一定准确适用于每一个人。当然，我也听过许多具有创意的论点，我曾问班上一些超有钱的学生，平常都选择哪些食用油品。他们的回答通常都令人惊讶与深思，认为在资讯不对等的情况下，必须先假设每种油都不好，所以每种油都要吃，平均分散风险（毒素）。这种道理我也可以接受，是以"投资"的观念来对待饮食。

我只是一个活在台湾底层的小人物，有幸投入手工皂这行，从做皂认识到油品，从油品了解到内服的营养价值，借助本书提供一点点自己的心得。你当然可以选择不信，命是你的，我管不着。

如果作为每日都需要摄取的食用油，我心中的首选是苦茶油，除了因为它的单元不饱和脂肪酸含量最高之外，还因为台湾本地有许多小农自己生产制造，要支持地方经济。再来，是花生油与芝麻油了，虽说原料不一定是本地产，但不影响我的选择。

只是，上述油品大多都有个问题是"太香了"。我们很难想象餐桌上每道菜都是用苦茶油或芝麻油去煮的，它们太容易抢走食物的原味，而且吃久了味觉会有油腻感，作为单一料理没问题，还有加分效果（如麻油鸡或苦茶油面线）。但若要做出整桌料理的话，我的立场是退而求其次，选择橄榄油。

13 年前我还没做皂时，对油品完全无知。我只听过橄榄油但从来没吃过，我的家庭也没有特别重视这项课题，只管好不好吃而已。2008 年之后，我成为手工皂老师，第一次生饮植物油是在我学生开的工厂里，叫作官家苦茶油。当时我就决定，未来上课时必须把内服的营养价值与外用的功效，正确地给大家讲述，让大家自行决定什么素材可入皂，什么素材直接吃比较好。

从此，我开始加强自己对好油的专业知识学习，就这样，我的品油之旅从橄榄油的故乡地中海开始了……

与商家对谈

你该了解的
进口橄榄油二三事

以上浅谈的油品知识，是我站在消费者的立场上直白的陈述，但是站在厂商的立场呢？也并非所有厂商都是无良的，应该公平陈述比较好。所以，我去请教了油商，并承诺会在本书翔实呈现，但无奈的是我的协助橄榄油商规模都颇大，得到的都是很制式的回答。

但因缘际会，我在今年文化大学推广部帮我办的十周年师生手工皂特展中，结识了一位小农（也是一位妈妈），与她对话时我感受到她职人的精神，当下即约定前往她位于台中的工作室，与大家分享她的理念与进口橄榄油的知识。

Q：你为什么会自己跑去进口橄榄油？我做皂这么久都还不敢做代理。
A：我是两个孩子的妈妈，一开始是因为食品安全的问题，每次进超市我都不知道什么食品是我可以信任的，有什么东西是可以买给孩子们吃的。其次，我们每天摄取最多的就是油品，而市面上两千块跟两百块的橄榄油都有，我根本就不知道该怎么选择，后来就生起了干脆自己去寻找食物的念头。

Q：为何选择了从澳大利亚代理而非欧洲？
A：我在参观他们的庄园时，看到很多袋鼠在果园里跳来跳去，动植物和谐共生的自然农法，我很喜欢。

Q：推荐往哪个方向去选择橄榄油？
A：我建议选择"庄园级"橄榄油，原因是庄园里就有榨油厂，橄榄采收完后能直接送进榨油厂。从采收到榨油的过程耗费时间越短，油的品质当然就会越高，就像是橙子摘下后直接榨汁，果汁才会新鲜。

Q：你说的是"酸价"[注1]吧？
A：没错。酸价越低，新鲜度越高、品质越好，这是一般大厂做不到的。

Q：对于欧盟油品的认证有何看法？是否取得越多认证或奖项，品质就真的比较好？
A：这些认证应该是最基本的门槛，至于是否奖项拿得多就能代表品质好，我觉得是见仁见智。像有些农夫觉得自己品质够好，他可以把经费用在改良自己的作物上，不一定要参加比赛。我相信很多制造业者也会有这样的想法。

注 1 |

欧盟组织规定，酸价（Acid Value）必须低于 0.8%，才能称为"顶级初榨橄榄油"。这个等级的橄榄油风味最佳，所含单元不饱和脂肪酸、多酚和营养素也最丰富。

注 2 |

每年由意大利专业品油师针对全球生产特级初榨橄榄油的庄园出版的国际权威评鉴。
只有拥有橄榄果树且出品高品质的特级初榨橄榄油的庄园，才能进入该年鉴，以高标准评出的当年最佳特级初榨橄榄油与最佳庄园等也会在年鉴中列出。

当然，若参加很多比赛及品评，对品牌也是有帮助的，例如在《FLOS OLEI 全球橄榄油年鉴》[注2]上面列出的橄榄油就是一个指标。

橄榄油的好坏其实是感官上的认知，所以你必须要喝过，才能判断这瓶橄榄油的好坏。

Q：请描述橄榄油在感官上所应有的特色。
A：好的橄榄油有三个条件：首先，嗅觉上要有果香或青草的香味。第二，味觉上是喝进喉咙的时候要有苦味、辣味。第三，不能有任何负面的味道，例如酸味、泥土味，甚至是哈喇味或霉味。

而橄榄油除了满足上述的条件之外，有些油是单一品种，因此还会有不同的风味，例如有杏仁、苹果、芭乐的味道等。不同的风味，适合搭配的食物和料理方式也会有所不同。

Q：对于消费者选择橄榄油有何基础建议？
A：首先，橄榄油怕光，所以一定要选择深色玻璃瓶装，以免经过光线照射而氧化变质。第二，油怕空气，因此建议一般消费者可以选择比较小容量的瓶装油，例如 3～4 人的小家庭，选购 500 毫升的

容量就足够了。每打开一次，就是多一次的氧化。

最后就是品牌，我强烈建议消费者选择庄园级橄榄油。就像上面提到过的，除了新鲜之外，因为是一条龙的生产制作，品质的把关就能得到保证。

受访者：
TFoodies 食在呼创办人、La Barre 澳洲乐霸橄榄油代理徐伟祯
官方网站：https://www.tfoodies.com/
FB 粉丝专页：https://www.facebook.com/trulyfoodies/

相关术语

（一）做皂之前必须知道

 # 制皂的原料构成：油脂＋水＋碱

 # 油脂：可分为三大类，第一类为动物油（如猪油、鸡油），第二类为植物油（如橄榄油、葵花籽油），第三类为矿物油（从石油提炼而出）。其中的植物油，又可区分为软油（常温下皆为液态）、硬油或蜡（常温下皆为固态）。

*硬油中的椰子油和棕榈油比较特殊。这两种油在室温低于 20℃时，呈现固态，但在温度较高的夏天，则呈液态。

 # 皂化（saponification）：油脂和碱水结合反应后，会转变为皂，这就称作皂的变化，简称皂化。

 # 痕迹（trace）：油脂和碱水混合后，持续搅拌至浓稠，即称为 Trace，可作为初学者判断手工皂是否完成的指标性象征。

 # 水：
1. INS 值越高的皂，越需增加水量。
2. 温度越高，越需增加水量。
3. 使用越多硬油，越需增加水量。
4. 未精制油类的密度较高，越需增加水量。
5. 添加越多粉状类，越需增加水量。
6. 若添加超过 10%的乳油木果脂，也必须增加水量，因为乳油木果脂会吸收水分。

 # 碱：通常是氢氧化钠，又称苛性钠，化学式为 NaOH，是一种具有高腐蚀性的碱性物质。氢氧化钠溶于水时会产生高温与释放呛鼻的气体，与肌肤直接接触会产生灼伤，所以，制皂时须做好安全防护，如准备护目镜、手套、口罩等。

氢氧化钠应用广泛，为很多工业过程的必需品，常用于制造木浆纸张、纺织品、肥皂及清洁剂等。

 # 熔化 & 入模速成法 MP 皂（melt & pour，俗称为皂基）：以市售（工业制造）的现成皂基，加热熔化后再添加颜色或香味，再重新入模塑形的皂。
使用皂基制皂的经典，可以说是 1963 年，日本资生堂推出的润红、翠绿、紫丽兰共三款蜂蜜香皂，利用酒精与糖水使香皂呈现高级的透明感。当时在台湾地区造成一股热潮，其中又以紫丽兰香皂最受欢迎，为送礼首选。

• 以皂基制皂的优点：
1. 成本低廉。
2. 制作快速。
3. 保存期限长。
4. 安全性佳，适合初学者与小朋友入门学习制作手工皂。
5. 因购买的皂基是厂商已熟成的半成品，碱性相对低，很适合加入精油。

• 以皂基制皂的缺点：

现成的皂基大多为厂商预先制作完成，不清楚具体成分，又因成本低廉，应该不会使用什么好原料。之所以会跟厂商采购皂基，是因为它就如同泡面一样，没有人会想要自行制作。

热制法 HP 皂（hot process，俗称为机器皂或商业皂）：以脂肪酸为主要原料，利用高温使其"完全皂化"，为全球商业性肥皂制造的主流。

• 以热制法制皂的优点：

1. 成本低廉。

2. 制作快速。

3. 保存期限极长（只要环境得宜，5～10 年不成问题）。

4. 碱性低，不伤肌肤。

• 以热制法制皂的缺点：

1. 因高温制作所以完全没有养分可言，高温下再好的素材也会被破坏殆尽，养分无法保留。

2. 成本比皂基更便宜。

3. 精油遇高温容易挥发，所以，只要是 HP 皂，其香味来源一定为人工香精。

冷制法 CP 皂（cold process）：以全程低温 50℃以下进行操作，避免珍贵油脂被高温所破坏。

• 以冷制法制皂的优点：

可完全自己选择原料，不用被厂商牵着鼻子走，成分与洗感一定完胜所有市售的商业皂。

• 以冷制法制皂的缺点：

1. 制作过程有一定的危险性。

2. 熟成期漫长。

3. 不利于商业行为。

4. 价格昂贵。

5. 保存期限极短，最多一年。

再制法 RP 皂（rebatching process）：冷制皂脱模后刨成丝，再加入液体（牛奶、花茶等）及添加物，然后加热，使皂丝由固体转为胶状，再重新融合的皂。

如果想添加娇嫩的油脂或添加物，又怕强碱破坏养分，就很适合以这种方式来制作。或者对已成型的皂不满意，也可以使用这种方式再制作。

皂化价（saponification value）：请记住这个公式：油＋碱＋水＝皂。在使用各种油脂做皂前，必须计算氢氧化钠的量才可使其皂化。一块皂的皂化价就是氢氧化钠的需要量，是由所使用的油量分别乘以该油品的皂化价，再将之加和而成。

例如：椰子油的皂化价为 0.190，所制成的皂为 100 克的椰子油手工皂，那氢氧化钠的需要量为 $100 \times 0.190 = 19$，这个手工皂需要 19 克的氢氧化钠。

椰子油的量为 100 克

椰子油的皂化价为 0.190

氢氧化钠的量 $100 \times 0.190 = 19$ 克

皂的硬度（简称 INS 值，Iodine number saponification value）：

简单来说，用该油的 INS 值 × 该油的百分比，便可得出皂的硬度。每款油脂都有其成皂后不同的软硬度，在进行制作手工皂前，应计算硬度是否在合理范围内。

例如：椰子油设定在 100%，椰子油的 INS 值为 258，$100\% \times 258 =$ 此皂实际硬度为 258。

但是，要特别说明的是，因做皂不会常常只使用一种油，所以如果使用 2 种以上油的话，须把所有油计算出来的结果进行加和，才可得知总硬度（INS 值）。

椰子油的百分比为 50％，橄榄油的百分比为 50％。
椰子油的 INS 值为 258，橄榄油的 INS 值为 109。
258 × 50％ ＝ 129
109 × 50％ ＝ 54.5
129 ＋ 54.5 ＝ 183.5
此皂实际硬度为 183.5。

一块皂合理的硬度值为 120 ～ 180，适合大部分肌肤。若是小于 120，肥皂会有过软现象，且只适用于极端干燥的肌肤。相反的，若高于 180，肥皂将会是过硬的状态，只适用于极油性的肌肤。

（二）做皂过程可以学习

超脂：提高皂品质的方法之一。超脂的意思，是油的总量超过碱的总量。理论上，越多油脂入皂，表示对肌肤越好，同理，越少的碱对皮肤越好。但是，油多过碱容易加快肥皂的败坏，因此，市面上的工业肥皂并不这么做。

适合拿来超脂的油，是 INS 值低于 50 的油。一般来讲，较贵的油适合拿来超脂。总超脂比例应维持于 4％ ～ 30％。

举例来说，荷荷巴油的 INS 值非常低，所以非常适合拿来超脂。再次提醒，为了减低碱对油中养分的破坏，应该在油碱混合后搅拌至轻度浓稠时，再加入较好的油做超脂。

减碱：另外一个提高皂品质的方法，是减少碱的使用量。可减少 2％ ～ 5％，从而使制成皂中油的含量相对较高。举例来说，减碱比例若为 5％，那么所需要的总碱量减少，计算方法如下：

假设原应使用的碱为 75 克，减碱比例为 5％（3.75 克），表示最后应该使用的总碱量为
75 － 3.75 ＝ 71.25 ≈ 71 克。

＊水的总量要依碱的量调整。假设原本水的倍数为 2，那么总水量应为 2 X 71 = 142 克。
＊既然超脂与减碱的目的，都是让好油比例相对于碱更高，理论上使用两种方法下的肥皂品质应该一样。但实际上，超脂是将好油保留在较后面的步骤加入，可以保持油的品质，不至于让养分遭受碱的破坏，因此，超脂法的皂品质会高于减碱法。

加速皂化（accelerated saponification，或业界常称 over trace）：不同的油脂配方（含水量）在固定的制作条件下，完成皂化时间应该大致相同，若有在短时间内明显或急促变稠成形的状态，即称为加速皂化。

加速皂化发生的原因，有以下几种可能性：
1. 油温与水温差距过大（温度差距 10℃以上），才比较容易发生。
2. 水量过少（至少 1 倍以下）。
3. 原料来源有问题（通常是橄榄油）。
4. 使用含有大量醇类的香料。
5. 配方设计错误。

加速皂化也并非全部都是坏事，市售香皂工厂常用这种方法生产，它可以使皂化反应变快，并有使皂极硬化、熟成更快、保存日期延长等优点。但缺点是如果在做装饰性（渲染皂、蛋糕皂等）的手工皂可能就不适用了。

（三）做皂之后请记得

 # 熟成期（soap curing period）： 手工皂在制作完成后不能马上使用，因为碱性还过强（pH 值 10 ~ 12），容易刺激皮肤，此时皂体也过软，容易变形。须等水分退去，皂体坚硬后才是完整的手工皂。需静置在阴暗的通风处至少 30 天，等颜色变淡、皂体硬化后，再准备 pH 试纸进行检测，可以使用的手工皂 pH 值在 8 ~ 9。

 # 皂的酸败： 导致皂败坏的主要因素有阳光、温差过大与水汽等，可以从油斑、颜色变化、油臭味与质地变化（变过软或过硬）等迹象判断皂是否已经败坏。

防止皂酸败的方法如下：
1. 于配方中加入少量的小麦胚芽油。
2. 于配方中添加少量的蜂蜡或可可脂。
3. 将配方改为至少含有 50% 的硬油。

精制油与未精制油

植物油与动物油脂的油脂成品，可分为精制与未精制的。所谓的未精制，指的是该植物果实采收后直接炼油，不做过多加工处理，直接装瓶出售，优点是能保留大部分的营养在油中，包括该果实的叶绿素、花青素等。

通常来说，未精制过的油脂气味较为丰富，能轻易闻到该植物或动物的气味，例如橄榄油、苦茶油、牛油等。课堂上我都会直接说，所谓的未精制就是会有颜色、有味道，而且价格通常比精制的高。

反之，精制过的油会经过许多的加工处理，例如脱色、脱臭、脱酸等。其目的是纯化油品，把不好的因子去除，提高稳定度，延长商品的保存日期与增加耐环境温度的性能等；但大部分的营养素，也有可能在加工的过程中流失。

所以，如果就内服而言，应该食用未精制的油品，相对健康，但就化妆品或手工皂等外用加工品来说，便较为复杂一点。以橄榄油为例，使用特级初榨或纯质等级的橄榄油做皂，有以下的差异性：

1. 就成本来说，使用特级初榨橄榄油较贵，会降低市场竞争力，且一线手工皂厂商根本就不会使用橄榄油来做皂，一般会用芥花油来代替橄榄油，因皂化价与单元不饱和脂肪酸相差不远，这还算是有良心的。普遍来说，商业肥皂大多使用各种脂肪酸去合成制作，但凡那种很便宜、很硬、很香又放不坏的都是。

2. 就洗感来说，制作一块含 72% 的芥花油手工皂与橄榄油手工皂，其滋润度是差不多的。我不认为消费者能感受到两者的差异性，更别谈能细分出特级初榨与纯质等级了。

3. 就保存日期来说，一定是精制过的油品胜出。如上所言，经过那么多种加工程序，无非是为了品质稳定且延长其寿命，说到底，一切都是商业行为。如果希望做出保存日期超过一年的手工皂，建议多使用此油。但我的看法是，在台湾潮湿炎热的环境下，手工皂如果超过一年都不变质，那是绝对有问题的（除非存放于冰箱）。我做皂那么久了，成分标识上也只敢写一年。

4. 就情感方面来说，我们很难在市面上找到标识以下动、植物油所制成的皂，如大豆油、玉米油、芥花油、猪油等。举凡价格低廉、观感不佳的油品，在品牌形象上实在没有加分效果，所以才常见橄榄油或标榜各式精油或神秘中药材的皂充斥市面，一切也是商业行为所致。

因为消费者喜欢活在这样的氛围之下，没有人会破坏这样互利共生的世界，你快乐，所以我也快乐了，包括我，也不能去妨碍这种美好的幻境。

精制油常见加工处理方法：

01 脱酸

未精制的油品中有游离脂肪酸、磷脂、固酸类等易造成油品酸败的物质，会以加碱方式去除。

02 脱色

未精制的油品中含有胡萝卜素及叶绿素等色素，色素分子也会加速油品酸败，厂商会使用吸附剂、活性白土或活性炭，吸附并去除油品中的色素。

03 脱臭

各种动、植物油中含有醛、酮、碳氢化合物等气味分子，在脱酸、脱色后的油中含有泥土臭味，可利用加热、蒸发进行脱臭，不仅可提高油品的发烟点，还可以延长油品的保存期。但是，在热处理中，小分子的营养素及油品本身的香气也一并会被除去。

手工皂的鉴定标准

想鉴定一块手工皂的好坏，我觉得可以分成三部分来谈：

1. 自我本位：我觉得好那就好！就算站在全世界的对立面，本人开心最重要。通常在网络上最常发现这样的存在，会把所学的成果进行发表，让大家羡慕又忌妒，然后再回到自己的小天地里继续打皂，过着"千山我独行，不必相送"的潇洒生活。

2. 商业面：就商业行为来讲，只要卖得掉的皂就是好皂。不管是皂基还是冷制或是直接请工厂代工制作，再拿来自己营销的皂，基本上都好。因为消费者不清楚太多专业的学问，一切都只是冲动下的购物行为，所以"皂"本身完全不重要，"故事"远胜于商品本质。

3. 客观立场：这也是我课堂上常说的，好的皂本质就是滋润度要够，硬度要高。通常想使用手工皂的客户，以干性、敏感性肌肤的人群为主，滋润度不够的无法满足客户的需求。

滋润度要提高，软油用量必须超过70%，相对的皂体本身就会过软，消耗便很快。所以，我强烈建议使用精制乳油木果脂来撑住皂体硬度，它是少数能提供滋润与硬度的油脂。若预算不多的话，不妨把水降至1倍，水少皂就硬，或是使用蜂蜡或精制可可脂，也能达到同样的功效。

动、植物油中英文对照表

摩洛哥坚果油	argan oil	月桂果油	laurus nobilis fruit oil
甜杏仁油	sweet almond oil	澳洲胡桃油	macadamia oil
杏桃核仁油	apricot kernel oil	白芒花籽油	meadowfoam seed oil
酪梨油	avocado oil	橄榄油	olive oil
天然蜂蜡	beeswax	鸵鸟油	ostrich oil
茶籽油 / 苦茶油	oiltea camellia oil	棕榈油	palm oil
山茶花油 / 椿油	camellia oil	棕榈核仁油	palm kernel oil
芥花油	canola oil	花生油	peanut oil
蓖麻油	castor oil	开心果油	pistachio oil
鸡油	chicken fat	南瓜籽油	pumpkin seed oil
可可脂	cocoa butter	覆盆子油	raspberry seed oil
椰子油	coconut oil	红棕榈油	red palm oil
玉米油	corn oil	米糠油 / 玄米油	rice bran oil
牛油	cow fat / butter	玫瑰果油	rose hip oil
黄瓜籽油	cucumber seed oil	红花籽油	safflower oil
月见草油	evening primrose oil	芝麻油	sesame seed oil
葡萄籽油	grape seed oil	乳油木果脂	shea butter
榛果油	hazelnut oil	大豆油	soybean oil
马油	horse fat	葵花籽油	sunflower seed oil
荷荷巴油	JoJoba oil	核桃油	walnut oil
猪油	lard	小麦胚芽油	wheatgerm oil

精油中英文对照表

罗勒	basil	没药	myrrh
月桂叶	bay laurel	橙花	neroli
安息香	benzoin	绿花百千层	niaouli
佛手柑	bergamot	广藿香	patchouli
樟树	camphor	薄荷	peppermint
肉豆蔻	cardamom	苦橙叶	petitgrain
洋甘菊	chamomile	松木	pine
肉桂	cinnamon	奥图玫瑰	rose otto
香茅	citronella	玫瑰天竺葵	rose geranium
快乐鼠尾草	clary sage	迷迭香	rosemary
丁香	clove bud	花梨木	rosewood
芫荽	coriander	鼠尾草	sage
丝柏	cypress	檀香	sandalwood
乳香	frankincense	甜橙	sweet orange
波旁天竺葵	geranium bourbon	茶树	tea tree
扁柏	hinoki	百里香	thyme
牛膝草	hyssop	姜黄	turmeric
薰衣草	lavender	马鞭草	verbena
柠檬	lemon	冬青木	wintergreen
莱姆	lime	依兰依兰	Ylang-ylang
香蜂草	melissa		

图书在版编目（CIP）数据

全方位手工皂事典 / 石彦豪著 .—郑州：河南科学技术出版社，2021.1
ISBN 978–7–5725–0201–9

Ⅰ . ①全… Ⅱ . ①石… Ⅲ . ①香皂—手工艺品—制作 Ⅳ . ① TS973.5

中国版本图书馆 CIP 数据核字 (2020) 第 214927 号

出版发行：河南科学技术出版社
          地址：郑州市郑东新区祥盛街27号   邮编：450016
          电话：（0371）65737028   65788613
          网址：www.hnstp.cn
策划编辑：李   洁
责任编辑：司   芳
责任校对：崔春娟
封面设计：张   伟
责任印制：张艳芳
印   刷：河南瑞之光印刷股份有限公司
经   销：全国新华书店
开   本：889 mm × 1194 mm   1/16   印张：17   字数：310千字
版   次：2021年1月第1版   2021年1月第1次印刷
定   价：108.00元